Louis Sawadogo

Facteurs anthropiques et dynamique de la végétation soudanienne

Louis Sawadogo

Facteurs anthropiques et dynamique de la végétation soudanienne

La pâture, le feu précoce et la coupe de bois comme outils d'aménagement des forêts naturelles des zones sèches

Presses Académiques Francophones

Imprint
Any brand names and product names mentioned in this book are subject to trademark, brand or patent protection and are trademarks or registered trademarks of their respective holders. The use of brand names, product names, common names, trade names, product descriptions etc. even without a particular marking in this work is in no way to be construed to mean that such names may be regarded as unrestricted in respect of trademark and brand protection legislation and could thus be used by anyone.

Cover image: www.ingimage.com

Publisher:
Presses Académiques Francophones
is a trademark of
Dodo Books Indian Ocean Ltd. and OmniScriptum S.R.L Publishing group
Str. Armeneasca 28/1, office 1, Chisinau-2012, Republic of Moldova, Europe
Printed at: see last page
ISBN: 978-3-8381-7040-4

TABLE DES MATIERES

vi

DEDICACE

Je dédie ce mémoire à :

- Au professeur **Jöran FRIES** (in memoriam) pour son amour du Burkina Faso et pour son engagement jusqu'au bout pour la recherche sur l'aménagement des formations naturelles au Burkina Faso ;

- A mon père **Jérôme Weoghin** (in memoriam) et à ma mère **Soumziyan Elise**, pour m'avoir inculqué très tôt la recherche de l'excellence.

AVANT PROPOS

Un tel travail ne saurait être l'œuvre d'une seule personne. C'est pourquoi, j'ai l'agréable devoir d'exprimer ma profonde gratitude aux nombreuses personnes qui ont contribué à sa réalisation. Mes remerciements vont en particulier :

- Au Professeur Sita GUINKO, mon directeur de thèse, pour sa rigueur et sa constante disponibilité à mon égard.

- Au Professeur Per Christer ODEN de SLU, pour sa grande générosité et la confiance mutuelle. Que son épouse Suzanna reçoive également mes remerciements pour l'accueil chaleureux dont j'ai toujours bénéficié.

- A mes collègues Didier ZIDA, Patrice SAVADOGO, Djibril S. DAYAMBA, Mulualem TIGABU, Daniel TIVEAU ; ce travail est le leur. Merci pour l'amitié, le don de soi, la bonne ambiance et l'ardeur au travail qui constitue le ciment de notre équipe. Je n'aurais jamais pu réaliser ce travail sans leur concours.

- Aux collègues du Département Productions Forestières de l'INERA, principalement Sibiri OUEDRAOGO, Jean François PALLO, Jules BAYALA, Niéyidouba LAMIEN, Catherine DEMBELE pour les encouragements et leur « harcèlement » permanent qui m'ont tenu en haleine jusqu'à la fin.

- Aux collègues de la CRREA-Centre, Station de Saria, pour la bonne ambiance et le dévouement dans le travail.

- Aux techniciens Modeste MEDA, Théophile BAMA, François KABORE ; aux gardiens des dispositifs de Laba et de Tiogo, Bademè YARO et Lambin BAKO. Ce travail leur doit beaucoup.

- Aux nombreux anciens étudiants burkinabè, suédois et français avec qui j'ai eu le plaisir de travailler dans le domaine de l'aménagement des formations naturelles. Leurs travaux ont été capitalisés dans le cadre de ce mémoire.

- Au Pr. Jeanne MILLOGO/RASOLODIMBY, Pr. Joseph I. BOUSSIM, Pr. Adjima THIOMBIANO pour la correction des nombreuses versions du mémoire qui ont permis l'amélioration de sa qualité. Merci également pour l'amitié de longue date qui règne entre nous.

- Au Professeur Koffi AKPAGANA de l'Université de Lomé (Togo), Pr. Mahamane SAADOU de l'Université Abdou Moumouni de Niamey (Niger), Pr. Chantal KABORE-ZOUNGRANA de l'Université Polytechnique de Bobo-Dioulasso, pour avoir donné leurs avis favorables pour la soutenance de cette thèse et les suggestions faites pour l'amélioration de la qualité du document.

- A Basile ADOUABOU et Issa OUEDRAOGO pour l'édition des cartes qui se trouvent dans le mémoire.

- A mon frère Moussa OUEDRAOGO pour n'avoir ménagé aucun effort pour me donner un cadre agréable d'expression autant professionnellement que socialement. Sa bonne humeur et son pragmatisme m'on toujours inspiré.

- A Daniel TIVEAU et à Luluk SUHADA, pour l'amitié sincère et la constante sollicitude qu'ils ont à mon égard.

- Aux amis de l'Association d'Amitié Burkina-Suède (ASSAMBUS-BF) pour l'ambiance et l'entraide mutuelle.

- A mes amis traditionnels André OUEDRAOGO, Bonaventure SAWADOGO, Charles MANDE, Simplice Honoré GUIBILA, Roger TAPSOBA et à leurs familles, pour le soutien et les conseils permanents.

- A mes amis en Suède : les familles RENBERG, TIVEAU ; les amies de Carina (Agneta, Catrin, Suzanna, Pernilla et Alex, Margaretta…), Hans SJÖGREN, Robert NYGARD et tout le personnel de l'ancien département Silviculture, pour l'accueil chaleureux qui a agrémenté mes différents séjours en Suède. Your country is wonderful !

- A mes parents : mère, oncle, tantes, frères, sœurs, cousins et cousines, pour le soutien permanent.

- Aux familles KINDA (Thomas et Séverine), TRAORE (Seydou et Dorothée) et aux membres de l'association des ressortissants du BAM à Koudougou pour leur assistance et soutien permanent.

xi

- A toutes les personnes qui ont œuvré dans l'ombre pour l'aboutissement de ce travail.

- A mon épouse Eugénie et enfants Anicet, Amandine et Amos, pour leur ardeur au travail qui me donne la joie de vivre.

Ce mémoire est le fruit d'une collaboration dynamique entre le Centre National de la Recherche Scientifique et Technologique (CNRST), l'Université Suédoise des Sciences Agricoles (SLU) et l'Agence Suédoise pour le Développement International (ASDI). Que ces institutions trouvent ici l'expression de ma profonde gratitude.

RESUME

Les principaux facteurs anthropiques qui affectent les formations naturelles de la zone soudanienne sont la pâture, les feux de brousses et la coupe de bois à des fins diverses.

Afin d'inverser la tendance de dégradation des ressources naturelles, le Burkina Faso s'est lancé dans un programme d'aménagement de ces formations naturelles depuis les années 1980. L'aménagement est basé sur les principales prescriptions suivantes : une coupe sélective de 50 % du bois commercialisable avec 15-20 ans de rotation ; l'utilisation du feu précoce annuel sauf sur les parcelles nouvellement exploitées ; la protection des parcelles exploitées du feu et du pâturage pendant 3 à 5 ans ; l'interdiction du pâturage dans les forêts classées non aménagées, les parcs nationaux et les ranchs de gibier.

Les pratiques d'aménagement se heurtent à l'insuffisance de connaissance sur la biologie et l'écologie des espèces locales, les paramètres de productivité des formations naturelles ainsi que les différents facteurs biotiques et abiotiques qui influencent la dynamique de ces formations naturelles.

C'est dans l'optique de palier ces insuffisances que des dispositifs factoriels de recherche ont été installées depuis 1992 dans les forêts classées de Laba et de Tiogo pour étudier dans le long terme les effets de la pâture, du feu précoce et de la coupe de bois sur la dynamique des ressources naturelles de ces entités végétales. Chaque dispositif comprend 72 parcelles carrées de 2500 m^2 chacune séparées les unes des autres par un réseau de pare-feu. La moitié de chaque dispositif est soustraite à la pâture par une clôture, l'autre moitié étant librement parcourue par le bétail. Un feu précoce annuel ainsi qu'une coupe sélective de bois sont appliqués à un certain nombre de parcelles. Les effets de ces traitements sur la végétation et le sol ont été évalués en réalisant des inventaires ligneux et herbacés répétés. Les inventaires ligneux consistent en un recensement exhaustif et mensurations de tous les individus ligneux de chaque dispositif sur un certain nombre d'années. Les individus ligneux coupés font l'objet de mensurations annuelles. L'inventaire herbacé est réalisé annuellement par la méthode des points quadrats de Daget et Poissonet (1971). La biomasse épigée herbacée est évaluée annuellement par la méthode de la récolte intégrale.

La mise en œuvre de ces traitements sylvicoles avec les différents inventaires ligneux et herbacés durant une dizaine d'années nous a permis d'atteindre les principaux résultats suivant : la mise à la disposition des aménagistes de tarifs de cubage pour l'évaluation de la production ligneuse des formations naturelles soudaniennes ; des équations ont été élaborés pour estimer l'intensité des feux en fonctions des paramètres climatiques, des caractéristiques du combustible et de la direction du vent. De tous les trois traitements, le feu précoce est celui qui affecte négativement la régénération ligneuse. La pâture modérée contribue à réduire la biomasse herbacée totale sur les deux sites. Elle permet une amélioration de la productivité ligneuse par une réduction de la mortalité des souches et une meilleure croissance des rejets de souche des ligneux après la coupe sélective. Les charges élevées de bétail entraînent une détérioration des qualités physico-chimique du sol. L'augmentation de l'intensité de pâture entraîne une diminution de l'infiltrabilité de l'eau dans le sol. La vitesse d'infiltration moyenne est plus élevée sur les parcelles protégées du feu que sur celles brûlées. Lors des brûlis en feu précoce, la pâture contribue à réduire la température du feu et le temps de rémanence de la température létale pour les tissus végétaux. La température du feu est plus élevée dans les végétations à Poaceae annuelles que dans celles à Poaceae vivaces.

En conclusion, la pâture modérée pourrait être utilisée comme outil d'aménagement des forêts naturelles pour maintenir un certain équilibre ligneux / herbacés au bénéfice des populations riveraines. L'utilisation du feu précoce en zone soudanienne peut être un compromis entre une interdiction des feux de brousse et l'avènement des feux tardifs plus dévastateurs.

Mots clés : Pâturage, production ligneuse, herbacés, brûlis, exploitation sylvicole, aménagement, zone soudanienne.

ABSTRACT

Livestock grazing, fire and wood cutting are the main anthropogenic factors influencing natural forests in the Sudanian zone. In order to reverse the tendency of degradation of natural resources, Burkina Faso began a program of sustainable management of natural forests since 1980ies. Natural forests management is based on the following prescriptions: Selective wood cutting of 50 % of the merchantable volume on a 15-20 years rotation period ; Protection of the new cut areas from fire and grazing for 3 to 5 years; Applying annual prescribed early burning to the remaining area ; Prohibition of livestock presence in non managed state forests, national parks and wild life reserves.

Unfortunately, these management prescriptions are not supported by empiric evidences due to insufficiency of knowledge on biology and ecology of indigenous species as well as the effects of biotic and anthropogenic factors on the dynamics of natural forests. To fill this gap, factorial experimental sites have been laid out in Laba and Tiogo state forests since 1992 in order to study the long term effects of livestock, prescribed early fire and selective wood cutting on the dynamics of natural resources. Each experimental site is composed of 72 plots of 2500 m^2 each. Half of the experimental site is fenced-off to avoid grazing and the other half is freely grazed. Selective cutting has been applied once in 1993 on 48 plots in each experimental site in 1993. Prescribed early fire is applied annually to some plots. The effects of these treatments were assessed through multiples

xvi

inventories of ligneous vegetation and annual inventory as well as biomass assessment of the herbaceous vegetation. Coppice growth was assessed annually after selective tree cutting. The following main results were achieved over a 10-year period of studies : Growth functions were made available for assessing wood production of Sudanian savanna woodlands; Functions for estimating fire intensity in relation to climatic parameters, fuel characteristics and wind direction were established ; Prescribed early fire slowed done ligneous regeneration ; Moderate grazing reduced total herbaceous biomass on both sites; Livestock presence improved ligneous productivity by reducing stump mortality and increasing coppice growth following wood harvesting; High stocking rates of livestock led to deterioration of soil physical and chemical properties ; Livestock stoking rate exceeding moderate level decreased soil infiltrability due to compaction ; Infiltration rate was higher on unburt plot than on burt ones. During prescribed burning, grazing contributed to lower fire intensity.

In conclusion, moderate grazing is recommended to be used as tool for sustainable management of savanna woodlands for the welfare of local population. Prescribed early burning in the Sudanian zone is a good comprise between total prohibition of fire and occurrence of devastating late fires.

Key words: **Rangeland management, wood production, herbaceous production, vegetation burning, coppice, biodiversity.**

LISTE DES FIGURES

xix

LISTE DES TABLEAUX

biomasse herbacée en tMS/ha et variation (V(%)) par rapport au témoin (Pas coupe)

LISTE DES PHOTOGRAPHIES ILLUSTRATIVES

LISTE DES ANNEXES

Annexe 1 : Liste des publications ayant servi à la rédaction de la thèse

Annexe 2 : Planches photographiques

Planche I : Principales unités paysagères dans les forêts classées de Laba et de Tiogo

Planche II : Activités anthropiques menaçant la pérennité du fleuve Mouhoun

Planche III : Effets des feux de brousse sur la végétation dans les forêts classées de Laba et de Tiogo

Planche IV : Effets du pâturage dans les forêts classées de Laba et de Tiogo

Planche V : Effets de la coupe sylvicole dans les forêts classées de Laba et de Tiogo.

Annexe 3 : Liste des espèces ligneuses recensées à Tiogo et à Laba

Annexe 4 : Liste des espèces herbacées recensées à Tiogo et Laba

Annexe 5 : Fiche d'inventaire des ligneux

Annexe 6 : Fiche d'inventaire des herbacées

Annexe 7 : Fiche d'évaluation de la biomasse herbacée

SIGLES ET ABBREVIATIONS

AAC : Accroissement Courant Annuel

C : Carbone

Ca : Calcium

CS : Contribution Spécifique

FAO : Organisation des Nations Unies pour l'Alimentation et l'Agriculture

Fig. : Figure

FS : Fréquence Spécifique

GLM : General Linear Model

GPS : Global Position System

K : Potassium

MECV : Ministère de l'Environnement et du Cadre de Vie

MEE : Ministère de l'Environnement et de l'Eau

Mg : Magnésium

MO : Matière Organique

MS : Matière Sèche

N : Azote

P. ass. : Phosphore assimilable

P. : Phosphore

PNUD : Programme des Nations Unies pour le Développement

SD : Standard Deviation

Tab. : Tableau

tMS/ha = Tonne Matière Sèche par hectare

INTRODUCTION

La zone soudanienne est située entre 6° et 13° de latitude Nord et couvre une superficie de 5,25 millions de Km². Elle s'étire à travers le continent africain d'ouest en est, du Sénégal à l'Ethiopie. Elle est caractérisée par une saison sèche de 6-7 mois et une pluviosité moyenne annuelle de 700 à 1200 mm (Menaut *et al.*, 1995).

Au Burkina Faso, la zone soudanienne renferme la quasi-totalité des formations boisées du pays. En 2001, la superficie de celles-ci était estimée à environ 7,1 millions d'hectares, soit 25,9 % du territoire national (FAO, 2001). Les formations naturelles (galeries forestières, forêts claires, savanes arborées, savanes arbustives, fourrés tigrés) se répartissent comme suit : le domaine non classé (forêts protégées) 75 % et le domaine classé 25 %. Le domaine classé comprend : les parcs nationaux 10 %, les réserves de faune 67 %, les forêts classées 23 % (MEE, 1996).

Dans le présent document, le terme « forêt » est employé au sens du code forestier du Burkina Faso. En effet, selon ce code forestier en son article 12, sont considérés comme forêts, les espaces occupés par des formations végétales d'arbres et d'arbustes à l'exclusion de celles résultant d'activités agricoles. Les forêts classées sont celles ayant fait l'objet d'un acte de classement soit par l'Etat ou par les collectivités territoriales décentralisées (MEE, 2000). Les formations végétales des forêts classées de Laba et de Tiogo sont des mosaïques de savanes arbustives, arborées ou boisées.

Le Burkina Faso, pays en voie de développement, vit essentiellement de spéculations agricoles et pastorales. Il est caractérisé par une démographie en forte croissance (plus de 3 % par an) et un environnement climatique difficile (sécheresses récurrentes). Le pourcentage de la population vivant en milieu rural est le plus élevé en Afrique occidentale. Le recensement général de la population de 2006 fait état de 13 730 258 personnes vivant au Burkina Faso dont 80 % en milieu rural. Ces populations tirent principalement des formations naturelles les ressources indispensables à leur bien-être. Le bois contribue pour 91 % à la consommation totale d'énergie du pays. Le niveau de consommation est particulièrement élevé dans les villes où l'accélération du processus d'urbanisation a engendré une surexploitation des ressources les plus proches, créant ainsi une auréole de désertification caractéristique. Par exemple la ville de Ouagadougou est passée de 465 969 habitants en 1985 à 1 066 082 habitants en 2006.

La demande en bois d'énergie de cette seule ville était estimée à 1,38 millions de stères en 2000 (Ouédraogo, 2006).

Les formations naturelles constituent également une source de revenu non négligeable pour l'Etat. En effet, selon FAO (2001), la contribution du secteur forestier représentait 5,2 % du PIB en 1990. Cette contribution est largement sous évaluée dans la mesure où des

2

spéculations tels que le pâturage, la faune et les produits forestiers non ligneux ne sont pas prises en compte. Le bois de feu représente 85 % du total du PIB de tous les produits ligneux commercialisés dans le pays, suivi par le bois de service (12 %) et le bois d'œuvre (3 %).

Suite à l'échec des plantations à grande échelle avec des espèces exotiques, le Burkina Faso s'est lancé résolument dans un programme d'aménagement des formations naturelles dans les années 1980. L'aménagement forestier est la planification et l'exécution d'actions destinées à assurer la conservation et l'utilisation d'une formation naturelle en fonction d'objectifs (entre autres de production ligneuse) et du contexte physique et socio-économique (Bellefontaine *et al.* 1997). Ainsi le pays s'est doté progressivement d'un cadre juridique et institutionnel concernant l'aménagement des formations naturelles. Sur le plan pratique, on peut noter la mise en place, en 1983, de dispositifs expérimentaux dans différentes zones écologiques du pays pour étudier la productivité et la dynamique de la végétation ligneuse des formations naturelles. En 1986, on a assisté au démarrage effectif des premières activités de gestion participative des formations naturelles avec le projet « Aménagement et exploitation des forêts pour le ravitaillement de la ville de Ouagadougou en bois de feu » dénommé Projet PNUD/FAO/BKF/89/011 sur financement PNUD avec une implication de la FAO. En 2004, à travers tout le pays, 667 600 ha de forêt étaient aménagés et 202 400 ha étaient en instance d'aménagement (Kaboré, 2004).

3

Des prescriptions ont été élaborées pour la réalisation pratique d'un aménagement durable des formations naturelles sur le terrain (MEE, 1996).

Ces prescriptions peuvent être résumées ainsi :

- une coupe sélective de 50 % du volume de bois commercialisable avec 15-20 ans de rotation ;

- l'utilisation du feu précoce annuel sauf sur les parcelles nouvellement coupées ;

- la protection des parcelles exploitées du feu et du pâturage pendant 3 à 5 ans ;

- l'interdiction du pâturage dans les forêts classées non aménagées, les parcs nationaux et les ranchs de gibier ;

- l'enrichissement par semis direct et par plantation des espaces exploitées et des zones dénudées avec des espèces locales.

Ces prescriptions étaient basées sur les résultats des dispositifs coupe rase installés en 1983, des expériences personnelles des aménagistes et des considérations empiriques. De plus, elles ont été élaborées dans le cadre d'un aménagement à but de production de bois d'énergie exclusivement. Pourtant, l'aménagement n'a de chance de réussite que si les populations environnantes peuvent satisfaire leurs besoins variés dans ces formations naturelles. Il est alors indispensable de générer des données scientifiques pour compléter et affiner ces prescriptions pour un aménagement durable des formations naturelles au profit des populations. En effet, la coexistence des strates ligneuse et herbacée dans les écosystèmes savanicoles offre une opportunité pour un aménagement multi-usage tels que le pâturage continu, la production de bois de feu et de service, les productions fruitière et médicinales, l'artisanat, etc. A ce titre, les connaissances sur la quantification des produits forestiers, la régénération et la croissance des espèces ainsi que l'influence des facteurs anthropiques majeurs (le feu, la coupe de bois et le pâturage) sur la dynamique des espèces végétales et des écosystèmes dans leur ensemble sont indispensables à une gestion durable des formations naturelles.

C'est pour contribuer à apporter des réponses à ces préoccupations que des dispositifs pour étudier la végétation sur le long terme ont été mis en place et régulièrement suivis depuis mai 1992 dans les forêts classées de Tiogo et de Laba. Le présent document fait le point sur les résultats acquis après une quinzaine d'années d'étude.

Les principaux objectifs sont l'élaboration de méthodes de quantification des ressources forestières (notamment le bois et le fourrage) ainsi que la recherche de voies et moyens d'utiliser les facteurs de perturbations que sont le feu, la coupe sélective, la pâture comme outils d'aménagement des formations naturelles.

Les objectifs spécifiques sont :

- Elaborer des tarifs de cubage afin de quantifier et de prédire la production en bois des formations naturelles ;

- Etudier l'influence de la pâture, du feu précoce annuel et de la coupe sélective de bois sur la régénération des ligneux ;

- Etudier l'influence de la pâture et du feu précoce annuel sur la croissance des rejets de souche après une coupe sélective d'arbres ;

- Etudier l'influence de la pâture, de différents régimes de feu et de la coupe sélective de bois sur l'évolution de la biomasse herbacée ;

- Etudier l'impact de la pâture et du feu précoce annuel sur les propriétés physico-chimiques du sol ;

- Etudier le comportement du feu en relation avec les caractéristiques du combustible ;

   Les hypothèses de recherche sont :

- L'utilisation du feu précoce permet un équilibre entre les productions ligneuse et herbacée autorisant une utilisation multiple des ressources forestières (bois de feu et de service, fourrage, produits forestiers non ligneux, etc.) ;

- La pâture, à un certain seuil, améliore les productions ligneuse et herbacée en réduisant l'intensité des feux de brousse ;

- Il existe un seuil de charge animale au-delà duquel les propriétés physico-chimique du sol sont détériorées ;

- Il est possible de prédire l'intensité du feu en fonction des variables mesurables de la strate herbacée (biomasse, formes biologiques, degré de dessiccation, etc.).

Le présent mémoire qui s'articule en cinq (5) chapitres fait le point des différents résultats obtenus lors des investigations en rapport avec les hypothèses sus-mentionnées. Le chapitre I constitue une revue bibliographique sur l'influence des facteurs anthropiques sur la végétation et les sols. Le chapitre II est une description des caractéristiques physiques et humaines de la zone d'étude. Le chapitre III décrit les dispositifs expérimentaux en forêts classées de Laba et de Tiogo dans lesquels ont été étudiés les effets des différents facteurs anthropiques sur la végétation et le sol. Le chapitre IV décrit les caractéristiques de la végétation des dispositifs expérimentaux. Le chapitre V fait le point des effets des différents traitements sylvicoles (feu précoce, pâture et coupe sélective de bois) sur la production et la régénération des végétations ligneuse et herbacées des dispositifs expérimentaux de Laba et de Tiogo.

CHAPITRE I : SYNTHESE BIBLIOGRAPHIQUE SUR LES FACTEURS ANTHROPIQUES MAJEURS INFLUENÇANT LA DYNAMIQUE DES FORMATIONS NATURELLES DANS LA ZONE SOUDANIENNE

Les principales activités humaines qui influencent la structure et la dynamique des formations naturelles dans les zones arides sont la pâture par le bétail, les feux de brousses et la coupe de bois à des fins diverses. Ces trois activités sont couramment pratiquées dans les forêts classées et réserves naturelles souvent de manière clandestine. Le feu qui passe presque chaque année, le prélèvement de bois de chauffe et la pâture sont des phénomènes diffus mais presque continuels auxquels s'ajoutent les effets des périodes de sécheresse accentuée, notamment en zone de savane plus sèche. Il s'agit là de perturbations récurrentes dont les effets se conjuguent.

I. LA PATURE

L'élevage est souvent taxé de facteur de dégradation de la végétation et des terres surtout dans les zones sahélienne et soudanienne (Breman *et al.*, 1995 ; Bellefontaine *et al.*, 1997). La pâture influe principalement sur la végétation et les sols par l'action de consommation sélective des espèces végétales ainsi que par le piétinement et le dépôt de fèces et d'urine (fertilisation et zoochorie). La quantité de bétail, la nature des troupeaux (bovins, ovins, caprins…), le temps mis et la fréquence de pâture ainsi que les pratiques pastorales (émondage, collecte de fourrage) sont des facteurs capitaux qui jouent sur la dynamique des végétations pâturées. Ainsi, une surcharge de bétail peut conduire à une dégradation de la végétation et même à une dénudation du sol (Keya, 1998) tandis qu'une charge moindre ou une absence de pâture

9

favoriserait l'installation d'une savane arborée à boisée (Watkinson et Ormerod, 2001). Les difficultés de régénération de certaines espèces fourragères telles que *Pterocarpus erinaceus* et *Afzelia africana* sont en grande partie attribuables à l'émondage et au broutage sévères et fréquents qui empêchent la production de graines et inhibent la croissance des jeunes plantules. La pâture sélective exercée par le bétail peut entraîner la diminution de l'abondance des espèces appétées et même leur disparition. Quelques espèces non désirables peuvent alors devenir envahissantes entrainant un embuissonnement du pâturage. En effet, Devineau *et al.* (1998) ont observé qu'une forte pression pastorale ou une pâture prolongée éclaircissaient la strate herbacée et limitaient le passage des feux. Cela favorisait un nombre restreint d'espèces ligneuses qui s'imposaient au détriment des espèces herbacées. Dans des jachères de l'Ouest du Burkina Faso, les mêmes auteurs ont trouvé que l'embuissonnement se produisait surtout sur des sols argileux hydromorphes et que sur les sols sableux, le surpâturage conduisait plutôt à des végétations très peu couvrantes.

De même, la prédominance de certaines espèces comme *Borreria stachydea* et *Zornia glochidiata* sur les pâturages est favorisée par la zoochorie (Sawadogo, 1989 ; Devineau *et al.*, 1998). Il en est de même pour *Acacia seyal* le long des pistes de transhumance (LeHouerou, 1980).

De nos jours, l'espace pastorale se restreint de plus en plus dans les zones sahéliennes et soudaniennes. En effet, l'extension des terres agricoles accentue la pression pastorale sur les pâturages et autres formations naturelles restantes. Elle crée de même une fragmentation des écosystèmes forestiers préjudiciable à la grande faune. Un paysage agreste avec des parcs agro-forestiers constitués de quelques espèces ligneuses est en train de s'étendre dans la zone soudanienne au détriment des réserves naturelles.

La pléthore des troupeaux des peuples pasteurs constitue également un élément de pression sur les formations naturelles. Outre son aspect socioculturel, elle constitue une réponse à l'incertitude des aléas climatiques. En effet, l'amélioration de la santé animale ne s'est pas accompagnée d'une intensification de l'élevage. On observe alors une rupture de l'équilibre entre les troupeaux pléthoriques et les pâturages naturels, source quasi-unique d'alimentation du bétail. De plus, l'élevage est de plus en plus pratiqué par les agriculteurs comme sécurité pour faire face aux fluctuations de la production agricole induites par les aléas climatiques. Il en est de même de l'élite urbaine (salariés de l'Etat et du secteur privé, opérateurs économiques) qui investissent de plus en plus dans l'élevage. Les troupeaux sont le plus souvent confiés à des bergers peuls.

On assiste à un effritement du mode d'élevage traditionnel par transhumance à cause de l'occupation des parcours et des pistes de transhumance par des champs agricoles. Les éleveurs tendent alors à se sédentariser, accroissant ainsi le rythme de fréquentation des pâturages et des formations naturelles dans les zones d'accueil. Il s'en

11

suit une exacerbation des conflits agriculteurs - éleveurs – agents de l'Etat (Sawadogo, 2006).

Pourtant, une pâture bien gérée peut être compatible avec une production ligneuse en savane. En effet, le piétinement et la consommation de la strate herbacée peuvent contribuer à réduire l'incidence et la sévérité des feux néfastes à la végétation dans ces savanes. Néanmoins, le niveau de pâture doit rester dans les limites de capacité de charge de la végétation pâturée. Dans ces conditions, en réduisant la biomasse herbacée, la pâture peut améliorer la croissance des arbres et arbuste grâce à une diminution de la compétition pour la lumière, l'eau et les nutriments.

De plus, le dépôt de fèces par les animaux peut améliorer la fertilité des sols des pâturages. De même, la régénération de certaines espèces est améliorée par le passage dans le transit digestif du bétail (Razanamadranto *et al.*, 2004).

Néanmoins, moduler la capacité de charge en relation avec la production herbacée est particulièrement difficile dans les régions arides et semi-arides où la grande variabilité de la pluviosité entraîne une grande fluctuation inter-annuelle de la production fourragère (Watkinson et Omerod, 2001). C'est pourquoi il est indispensable de disposer de données et d'informations scientifiques fiables sur la production des formations naturelles dans le long terme afin de permettre la prise en compte de la variabilité climatique dans les recommandations de politiques pastorales.

12

II. LE FEU

La savane africaine a été depuis des millénaires soumis aux feux de brousse. D'ailleurs, beaucoup considèrent la savane comme une formation pyroclimacique (César, 1990 ; Monnier, 1990). Dans cet environnement végétal, le feu s'intègre dans le cycle de la saison sèche aussi sûrement que les pluies en hivernage (Bouxin, 1975). De nos jours ces feux sont d'origine anthropogénique. Cependant, à cause de la règlementation qui tend à criminaliser la pratique du feu avec de lourdes amendes pour les fautifs, il est difficile de savoir l'origine des feux dans la plus part des pays en zone soudanienne. Dayamba (2005) résume les différentes origines des feux en milieu rural comme suit :

- **l'agriculture :** Les cultivateurs utilisent le feu comme moyen de défrichement des nouveaux champs et de débroussaillement des anciens champs. Cette pratique est répandue en zone soudanienne arborée où on défriche les terrains boisés tout en enrichissant de cendres des sols qui ne bénéficient quasiment pas de pratiques d'amélioration de la fertilité. De plus, les agriculteurs brûlent les alentours des champs avant la récolte pour éviter des feux accidentels qui anéantiraient leurs récoltes. Les feux peuvent ainsi échapper au contrôle des paysans et dévaster les formations naturelles environnantes.

- **la chasse :** Les chasseurs qui sont souvent des paysans brûlent la végétation pour améliorer la visibilité, pour faciliter les déplacements et

13

pour rabattre des animaux vers des lieux où leur capture est plus aisée. Dans le même cadre de l'amélioration de la visibilité on peut citer les feux pratiqués pour libérer les voies d'accès entre les villages entourant les formations naturelles.

- l'élevage : les éleveurs brûlent la savane pour induire des repousses des herbacées vivaces et de nouvelles feuilles des ligneux afin de procurer au bétail un appoint de fourrage de meilleure valeur nutritive que la paille durant la saison sèche. L'utilisation du feu vise en premier lieu à renouveler le pâturage en détruisant une nécromasse importante devenue inconsommable pour le bétail. De même, il maintien les ligneux à la portée des animaux.

- les rituels coutumiers : ce sont des feux allumés sur des surfaces bien définies par certaines communautés à des fins religieuses.

- les feux d'aménagement : il s'agit des feux précoces, allumés dans les entités forestières sous aménagement et les réserves de faune, en fin de saison pluvieuse pendant que la strate herbacée n'est pas encore bien sèche. L'objectif est d'éviter les feux tardifs plus dévastateurs et pour fournir aux herbivores sauvages des repousses herbacées de meilleure qualité. Ils sont généralement réalisés par le service forestier ou les groupements de gestion forestière.

L'action du feu sur le milieu est multiple et complexe. Outre l'élévation de température, les feux agissent sur la teneur en matière organique du sol, sur la chimie du sol (teneurs en cendres, pH) et sur l'importance de l'érosion (Debano *et al.*, 1998). Les feux provoquent

14

des dommages sur la végétation ; ils affectent la viabilité des graines et leur germination ainsi que la vitalité des plantes et leur architecture (Bond et Wilgen, 1996). Au niveau des communautés végétales, on a observé des changements dans la flore, dans la densité et la productivité de la végétation. Il est communément admis qu'en l'absence de feu, l'accumulation de la nécromasse inhibe la production herbacée et entraîne ainsi la transformation de la savane arbustive en savane boisée.

L'action du feu sur la végétation dépend de divers facteurs, comme le climat, la nature et la densité du couvert ligneux, la densité, la hauteur, l'état de dessèchement de la strate herbacée, la vitesse du vent, la pente du terrain, l'époque des feux, etc. (Pyne *et al.*, 1996).

Le feu, en règle générale, ne tue pas les arbres et les arbustes, mais il favorise le port buissonnant et touffu. Par contre, l'influence nocive des feux récurrents est indéniable en ce qui concerne les jeunes brins de semis et les plantules de nombreuses espèces arbustives et arborescentes de la savane (Schnell, 1971). La régénération des espèces ligneuses est contrariée par le feu, avec cependant des exceptions. Le feu maintien la végétation ligneuse à l'état ouvert. En effet, les feux de surface freinent la régénération sexuée en détruisant les semences contenues dans la litière. De nombreux pieds de ligneux sont maintenus à l'état arbustif par la destruction fréquente de la partie aérienne des arbustes. De même, les apex des grands arbres sont brûlés lors des feux tardifs intenses à

15

hautes flammes, entraînant une modification considérable de leur port et les ramenant à l'état buissonnant par mort des troncs.

Néanmoins, la sensibilité au feu est fonction des espèces. En effet, la densité basique, l'épaisseur de l'écorce sont des facteurs déterminants pour la résistance au feu (Bond et Wilgen, 1996). Le feu peut déclencher la germination des graines de certaines espèces comme *Dichrostachys cinerea* et la floraison de d'autres tel que *Cochlospermun tinctorium* (Devineau *et al.*, 1998). Lors du passage des feux, l'élévation de la température, parfois considérable (jusqu'à 800°C) se produit à la surface du sol mais l'effet thermique s'atténue rapidement en profondeur (Bouxin, 1975). Les racines des ligneux qui sont en profondeur sont ainsi préservées. Le feu induit la régénération végétative par drageonnage et rejet de souche. De même, le phénomène d'abscission de certaines espèces ligneuses en zones arides est accentué par les feux fréquents. *Detarium microcarpum* constitue l'exemple classique des espèces qui subissent le phénomène d'abscission. La croissance des individus est ainsi retardée par le fait qu'ils sont maintenus à l'état buissonnant dans les formations naturelles subissant des feux récurrents (Riotkork *et al.*, 1998).

Les feux fréquents, en dénudant le sol et en tuant les micro-organismes, favorisent l'encroutement ainsi que les érosions hydrique et éolienne (Mills & Fey, 2004).

16

Chez les herbacées, le feu induit des repousses au niveau de certaines espèces vivaces telles qu'*Andropogon gayanus*, *A. ascinodis* et *Diheteropogon amplectens.* Cependant, la production de repousses dépend de la nature et du taux d'humidité du sol. Ces repousses, recherchées par le bétail, sont nutritionnellement plus riches que les pailles. Néanmoins, les feux fréquents provoqueraient la disparition de ces espèces vivaces par épuisement des réserves et leur remplacement par des annuelles.

III. LA COUPE DE BOIS

La coupe de bois influence la diversité biologique de la végétation des formations naturelles. Le cas extrême de coupe de bois est le débroussaillement à des fins agricoles qui transforme la savane en un système de parcs agro-forestiers avec la conservation de quelques espèces ligneuses (*Vitellaria paradoxa, Parkia biglobosa, Lannea microcarpa…*). Dans la zone soudanienne, cette pratique prend de l'ampleur de nos jours sous l'effet conjugué de la péjoration climatique, de la raréfaction des terres cultivables et de l'intensification des cultures de rente tel que le coton. Elle constitue ainsi la plus grande menace des formations naturelles et de la diversité biologique qu'elles comportent.

La coupe de bois à usages domestiques (énergie et service) constitue une pratique commune dans les formations naturelles. C'est une coupe sélective qui consiste à prélever certains pieds d'arbres selon certains critères tels que l'espèce et la taille de l'individu. La

17

coupe sélective des arbres influe sur la structure et le fonctionnement des écosystèmes savanicoles. En zone boisée, la coupe, en diminuant la densité des arbres et en induisant une ouverture dans la canopée, peut permettre le développement d'autres espèces grâce à une plus grande accessibilité à la lumière, à l'eau et aux nutriments (Frost, 1986). Il en résulte alors une augmentation de la biodiversité du peuplement. Néanmoins, l'effet contraire peut se produire en zones aride et semi-aride où les espaces occasionnés par la coupe des arbres peuvent subir des conditions thermiques extrêmes et favoriser le développement d'espèces xériques ou l'extension d'espaces nus encroûtés. De plus, en zone soudanienne, la quasi-totalité des espèces ligneuses régénèrent végétativement (rejets de souche, drageons…) après une coupe (Sawadogo *et al.*, 2002 ; Hoffmann *et al.*, 2003 ; Ky-Dembele *et al.*, 2007). La croissance de ces rejets et drageons peut accentuer la compétition pour l'espace, l'eau et les nutriments au détriment de la strate herbacée et des semis des ligneux. De nombreux auteurs notent que quand la densité des arbres augmente, la production herbacée tend à décroitre (Grunow *et al.*, 1980 ; Mordelet *et al.*, 1995). Outre l'effet d'ombrage, les racines des arbres jouent un grand rôle dans la compétition pour l'eau et les nutriments entre la strate herbacée et les autres ligneux parce qu'elles déterminent la répartition spatiale de l'absorption d'eau et de nutriments et peuvent causer une augmentation ou une diminution de la disponibilité des ressources (Wu *et al.*, 1985). Les espèces herbacées possédant des racines denses et superficielles peuvent

18

entrer en compétition activement avec les ligneux pour les ressources soit directement en interceptant l'eau et les nutriments ou indirectement en réduisant la percolation permettant à l'eau et aux nutriments d'aller plus en profondeur où les racines des arbres sont supposées être plus abondantes. Ainsi, la mortalité des arbres peut entraîner une augmentation de la fertilité des sols favorisant une plus grande production herbacée. La compétition entre ligneux et herbacées est encore plus accentuée dans les sols superficiels des zones arides où les racines des deux composantes se retrouvent au niveau de la même strate.

IV. INTERACTIONS ENTRE LES FACTEURS ANTHROPIQUES MAJEURS

La coupe sélective de bois, le feu et la pâture peuvent avoir des effets variés sur la structure et le fonctionnement des écosystèmes savanicoles. En général, le feu et la pâture ont un effet synergique sur la végétation (McNaughton, 1983). Leurs impacts dépendent de la forme biologique et de l'état physiologique des espèces végétales en présence, de la saison, de la fréquence et de l'intensité du feu, de la pression pastorale, du type de sol, de la topographie et des conditions climatiques (Frost *et al.*, 1986 ; Coughenour, 1991). Les animaux sont attirés sur les espaces brûlés où ils peuvent pâturer les jeunes repousses herbacées et les jeunes feuilles de ligneux induites par le feu. La pâture, par son action de prélèvement et de piétinement, réduit

19

la quantité de combustible et par conséquent l'intensité et la fréquence du feu.

La coupe sélective de bois en libérant de l'espace entraîne en général une augmentation de la production herbacée qui, par conséquent engendre des feux plus intenses préjudiciables surtout aux semis, rejets de souche et drageons. La pâture, dans ce cas, peut permettre d'éviter ces feux intensifs. Néanmoins, une pâture intensive et fréquente peut hypothéquer la régénération des plantes par broutage et piétinement des jeunes arbres et des herbacées palatables. De plus, la compaction du sol occasionnée par le piétinement peut provoquer une réduction de la productivité de la végétation. La coupe sélective peut favoriser le développement des espèces résistantes à la sècheresse telles que les herbacées pérennes tandis que le feu et la pâture peuvent être des facteurs limitant pour ces dernières.

Il est à noter que les effets de ces facteurs sur la végétation dépendent étroitement du type de végétation, et de leurs interactions avec les facteurs écologiques spécifiques au milieu tels que le sol et la pluviosité (Belsky, 1992 ; Harrison *et al.*, 2003). Les facteurs abiotiques tels le climat et les conditions édaphiques jouent un rôle capital dans la structure et le fonctionnement des écosystèmes savanicoles surtout en zone sèche. La pluviosité y est le facteur qui a le plus d'influence sur la production végétale à cause de sa grande variabilité intra et inter-annuelle. Dans la zone soudanienne, il est difficile de discriminer les effets spécifiques des facteurs abiotiques et de ceux dûs aux facteurs

20

anthropiques (feu, coupe, pâture). Par exemple, une bonne pluviosité entraînerait une production herbacée importante qui à son tour résulterait en une grande quantité de phytomasse durant la saison sèche augmentant ainsi la sévérité des feux de brousse (Hennenberg, 2006).

CONCLUSION PARTIELLE

La pâture, le feu, la coupe de bois constituent les principales activités qui affectent les formations naturelles dans la zone soudanienne du Burkina Faso. Chaque phénomène peut agir seul mais en général les trois facteurs interagissent et affectent positivement ou négativement la végétation et les sols. L'ampleur de leurs impacts dépend notamment du type de végétation, de la période, de la durée et de l'intensité du phénomène.

Le défi de l'aménagement durable est de pouvoir manipuler tous ces facteurs qui interagissent et évoluent dans le temps et l'espace afin de satisfaire les besoins des populations tout en n'altérant pas le capital productif de l'écosystème. La tâche est d'autant plus ardue quand on veut intégrer des facteurs aléatoires comme les variables climatiques.

Il est indispensable de maîtriser tous les paramètres de la productivité de nos espèces locales afin d'espérer une chance de réussite dans l'aménagement des formations naturelles. Pour ce faire, il est capital de disposer d'une base de données suffisante sur le long terme concernant la mesure de ces paramètres. Ces différents paramètres de la productivité sont schématisés dans la figure 1.

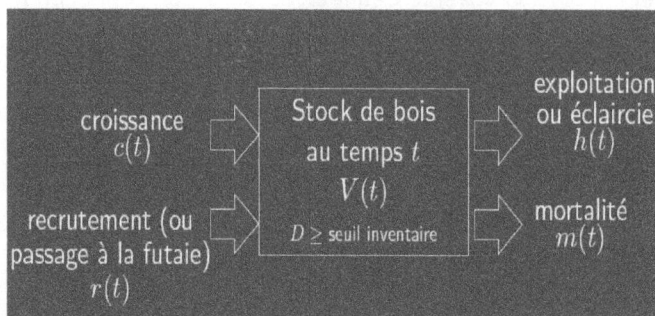

croissance $c(t)$

recrutement (ou passage à la futaie) $r(t)$

Stock de bois au temps t $V(t)$ $D \geq$ seuil inventaire

exploitation ou éclaircie $h(t)$

mortalité $m(t)$

Figure 1 : Composantes de la productivité des formations naturelles (Picard, 2005).

D = Diamètre

CHAPITRE II : GENERALITES SUR LA ZONE D'ETUDE

I. LOCALISATION ET CLIMAT DES FORETS CLASSEES DE LABA ET DE TIOGO

Les dispositifs expérimentaux ont été installés dans les forêts classées de Laba et de Tiogo. Ces deux forêts classées sont situées administrativement dans la région du Centre-Ouest et dans la province du Sanguié. Les coordonnées géographiques de la forêt classée de Laba sont de 11°40N et 2°50'W. Celles de la forêt classée de Tiogo sont de 12°13'N et 2°42'W.

Les forêts classées de Laba et de Tiogo couvrent des superficies de 18 978 ha et 30 365 ha respectivement (Projet 7 ACP BK/031). Elles ont été classées par l'administration coloniale en 1940 pour la forêt classée de Laba et en 1936 pour celle de Tiogo (FAO, 2004). Toutes les deux forêts classées sont situées le long du Mouhoun qui est le seul fleuve à régime permanent du pays. Sur le plan phytogéographique, les deux forêts classées sont situées dans la zone de transition entre les zones nord-soudanienne et sud-soudanienne (Fontès *et al.*, 1995). La forêt classée de Laba est située à une quarantaine de Km au sud de celle de Tiogo. La forêt classée de Tiogo est située entre les isohyètes 700 et 800 mm tandis que celle de Laba se situe entre les isohyètes 800 et 900 mm (Figure 1). Elles sont soumises à une seule saison de pluies de Mai à Octobre et une saison sèche de Novembre à Avril. La hauteur moyenne d'eau tombée entre 1992 et 2006 était de 861±143 mm à Laba et 847 ±177 mm à Tiogo. Le nombre de jours de pluies a été de 68 ±17 à Laba et 67±16 à Tiogo (Figure 2). Les minima et maxima de températures ont été de 16 °C à

24

32 °C en Janvier (période fraîche) et de 26 °C à 40 °C en Avril (période chaude).

II. RELIEF ET SOLS

Le relief des deux forêts classées est plat et monotone dans l'ensemble avec quelques buttes cuirassées. L'altitude moyenne est de 300 m au dessus du niveau de la mer.

Les différents sols suivant sont majoritaires dans les forêts classées de Tiogo et de Laba (Nouvellet et Sawadogo, 1995) :

- les sols peu évolués : sols sablo-argileux ou gravillonaires en surface, graviollonnaire en profondeur reposant le plus souvent sur cuirasse et/ou carapace ;

- les sols hydromorphes : sols rencontrés surtout le long du fleuve Mouhoun et de ses affluents. Ce sont des sols profonds constitués d'argile et de sable ;

- les sols à sesquioxydes de fer dont la profondeur est variable.

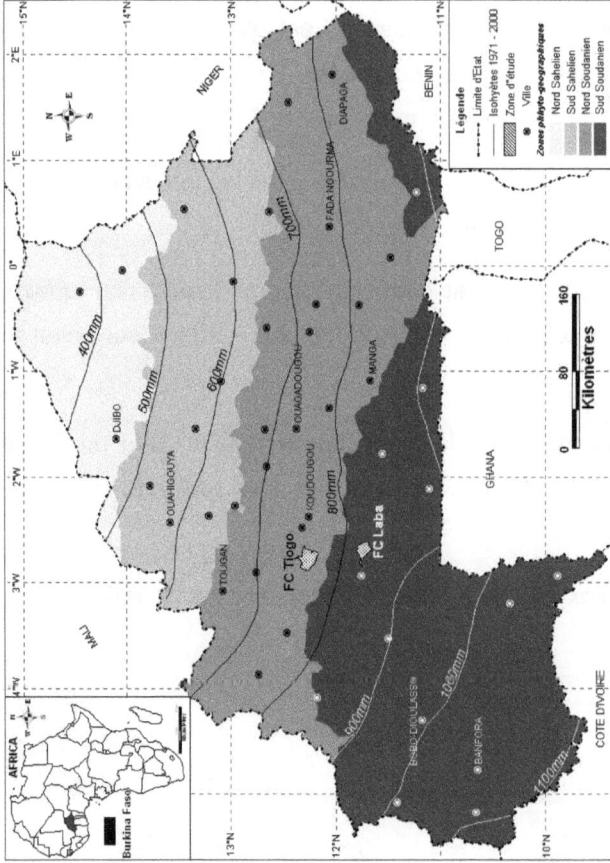

Figure 2 : Situation des forêts classées de Tiogo et de Laba en fonction des isohyètes d'après. Fontès et Guinko 1995 et Direction Nationale de la Météorologie. (Actualisée en Avril 2007 par CTIG/INERA/Burkina Faso).

26

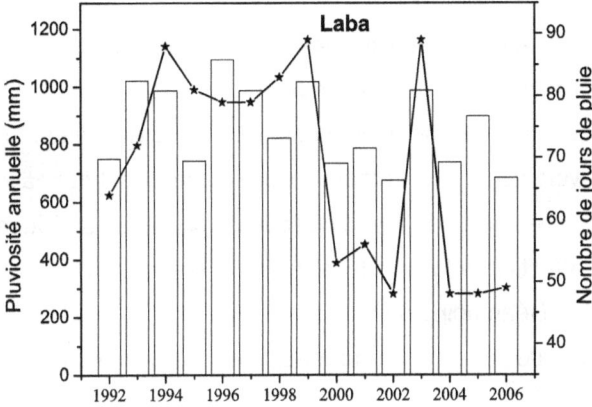

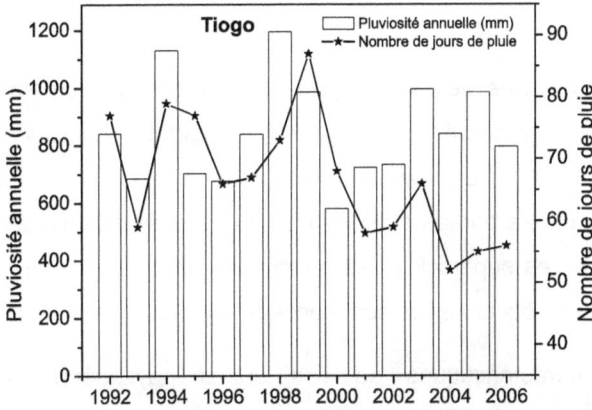

Figure 3. Pluviométrie annuelle de Tiogo et de Laba et nombre de jours de pluie (1992-2006)

III. FAUNE

La grande faune est caractérisée par la présence des éléphants qui ont contribué à modeler le paysage des deux forêts classées. La pression anthropique élevée qui se manifeste par le braconnage, la diminution du couvert végétal et surtout la présence des troupeaux d'animaux domestiques dans ces forêts classées a contribué à réduire drastiquement les effectifs de la grande faune dans les forêts classées de Tiogo et de Laba. Néanmoins on y observe toujours une population relativement importante de singes rouges, de petits rongeurs et d'oiseaux.

IV. VEGETATION

Les deux forêts classées sont situées dans le même domaine phytogéographique et présentent des types de végétation similaires (Fontès et Guinko, 1995). La végétation se présente sous forme de mosaïques de savanes arborées et arbustives à des densités diverses à l'image des sols. Les superficies des principales unités paysagères au niveau des deux forêts classées sont consignées dans le tableau I.

Les principales caractéristiques de ces unités paysagères se présentent ainsi (Figures 4 et 5):

- La savane arborée constitue le type physionomique le plus dominant à Tiogo avec plus de 42 % de la superficie totale de la forêt classée contre 26 % à Laba. En terme de densité, la savane arborée claire est

28

plus représentée à Tiogo (34 %) tandis qu'à Laba c'est la savane arborée dense qui domine (24 %).

Tableau I : Taux d'occupation des sols dans les forêts classées de Laba et de Tiogo par les différentes unités paysagères.

Type de végétation	Forêt classée de Laba		Forêt classée de Tiogo	
	Superficie (ha)	% superficie	Superficie (ha)	% superficie
Forêt galerie	1508,33	7,95	736,58	2,43
Savane arborée claire	373,8	1,97	10201,79	33,60
Savane arborée dense	4608,4	24,28	2684,7	8,84
Savane arbustive claire	8650,4	45,58	7684,36	25,31
Savane arbustive dense	111,7	0,59	5392,97	17,76
Savane herbeuse	2914,7	15,36	818,3	2,69
Zone nue	810,3	4,27	390,91	1,29
Jachères	-		532,11	1,75
Champs	-		1923,43	6,33
Total	**18977,63**	**100,00**	**30365,15**	**100,00**

(Sources : Forêt classée de Tiogo : Projet 7 ACP BK/031, 2001 ; Forêt classée de Laba : Landsat ETM, 2005).

- La savane arbustive est la plus représentée à Laba avec plus de 46 % de la superficie totale de la forêt classée tandis qu'elle représente 43 % de la superficie de la forêt classée de Tiogo. A Laba, la savane arbustive est essentiellement claire tandis qu'à Tiogo la savane arbustive dense est relativement bien représentée. Les principales espèces ligneuses dans ces savanes arborées et arbustives sont *Detarium microcarpum* Guill. & Perr., *Vitellaria paradoxa* C.F. Gaertn.,

Burkea africana Hook., *Anogeissus leiocarpus* (DC.) Guill. & Perr., *Pterocarpus erinaceus* Poir., *Lannea acida* A. Rich., *Combretum glutinosum* Perr. ex DC., *Combretum nigricans* Lepr. ex Guill. & Perr., *Combretum fragrans* Hoffm., *Terminalia macroptera* Guill. & Perr., *T. glaucescens* Planch. ex Benth., *T. avicennioides* Guill. & Perr., *Entada africana* Guill. & Perr., *Acacia macrostachya* Reichenb. ex Benth., *Acacia dudgeoni* Craib. ex Holl., *Gardenia erubescens* Stapf. & Thonn.. La strate herbacée est dominée par les Poaceae annuelles que sont *Andropogon pseudapricus* Stapf., *Loudetia togoensis* (Pilger) C.E. Hubbard, *Pennisetum pedicellatum* Trin., *Rottboellia exaltata* Linn., *Chasmopodium caudatum* Stapf., *Diheteropogon hagerupii* Hitchc.. Les touffes de certaines Poaceae vivaces telles que *Andropogon gayanus* Kunth., *Andropogon ascinodis* Linn., *Diheteropogon amplectens* (Nees) W.D. Clayton sont parsemées dans la strate herbacée. Les phorbes (espèces non graminéennes) les plus communes sont *Cochlospermum planchoni* Hook. f., *Cassia mimosoides* Linn., *Borreria radiata* DC., *Borreria. stachydea (DC.)* Hutch. et Dalz., *Wissadula amplissima* Linn..

30

- Les formations ripicoles boisées représentent 8 % de la superficie de la forêt classée de Laba et seulement 2 % à Tiogo. Ces formations sont localisées principalement sur les berges du fleuve Mouhoun et de ses affluents. Les principales espèces rencontrées dans ces milieux sont *Mitragyna inermis* (Wild.)Kuntze, *Pterocarpus santalinoides* L'Hér. Ex DC., *Cola laurifolia* Mast., *Acacia seyal* Del., *Mimosa pigra* L.. La strate herbacée est dominée par *Vetiveria nigritana* (Benth.) Stapf, *Paspalum scrobuculatum* (Linn.) et de nombreuses Cypéracées.

- La savane herbeuse représente plus de 15 % de la superficie de la forêt classée de Laba et moins de 3 % à Tiogo. Elles sont caractérisées par des sols superficiels gravillonaires dominées par des espèces annuelles telles que *Loudetia togoensis, Andropogon pseudapricus, Microchloa indica* Beauv. et *Tripogon minimus* (A. Rich.) Hochst ex Steud.

- une végétation de jachères récentes et anciennes ainsi que des champs se retrouvent dans la forêt classée de Tiogo. Ils représentent près de 8 % de sa superficie. On trouve en effet de nombreux champs clandestins dans la partie nord de cette forêt classée. La végétation est dominée par *Piliostigma thonningii* Schum., *Piliostigma reticulatum* (DC.) Hoechst., *Vitellaria paradoxa*. Les principales herbacées sont *Setaria pallide-fusca* (Schum.) Stapf. et Hubb., *Brachiaria lata* (Schum.) C. E. Hubbard, *Pennisetum pedicellatum*.

31

- La forêt classée de Tiogo est aussi caractérisée par une végétation inféodée aux termitières cathédrales constituant des îlots de végétation dans l'ensemble de ces formations naturelles.

Les principales espèces sont : *Tamarindus indica* Linn., *Combretum micranthum* G. Don., *Grewia mollis* Juss., *Anogeissus leiocarpus, Capparis corymbosa* Lam.. Le sous-bois de ces bosquets est dominé par *Wissadula amplissima, Sanseveria senegambica* Bak.

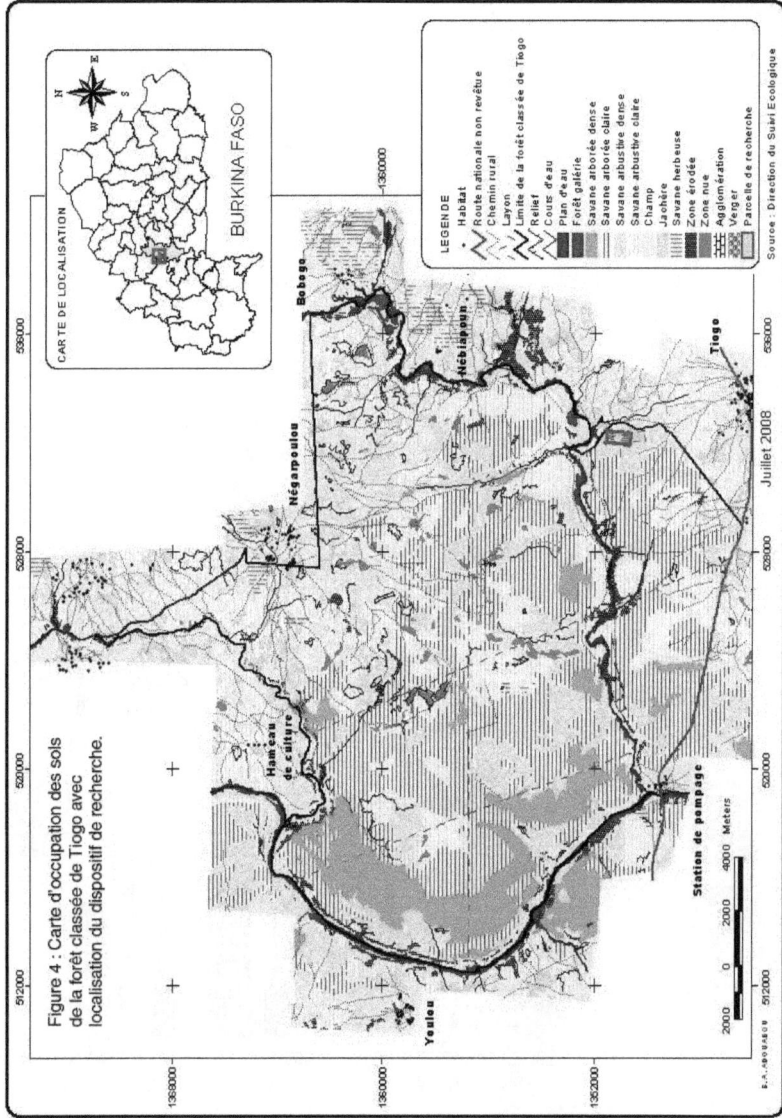

Figure 4 : Carte d'occupation des sols de la forêt classée de Tiogo avec localisation du dispositif de recherche.

CARTE DE LOCALISATION

BURKINA FASO

Juillet 2008

Station de pampage

Hameau de culture

Youlou

Négarpoulou

Bobaga

Néblapoun

Tiogo

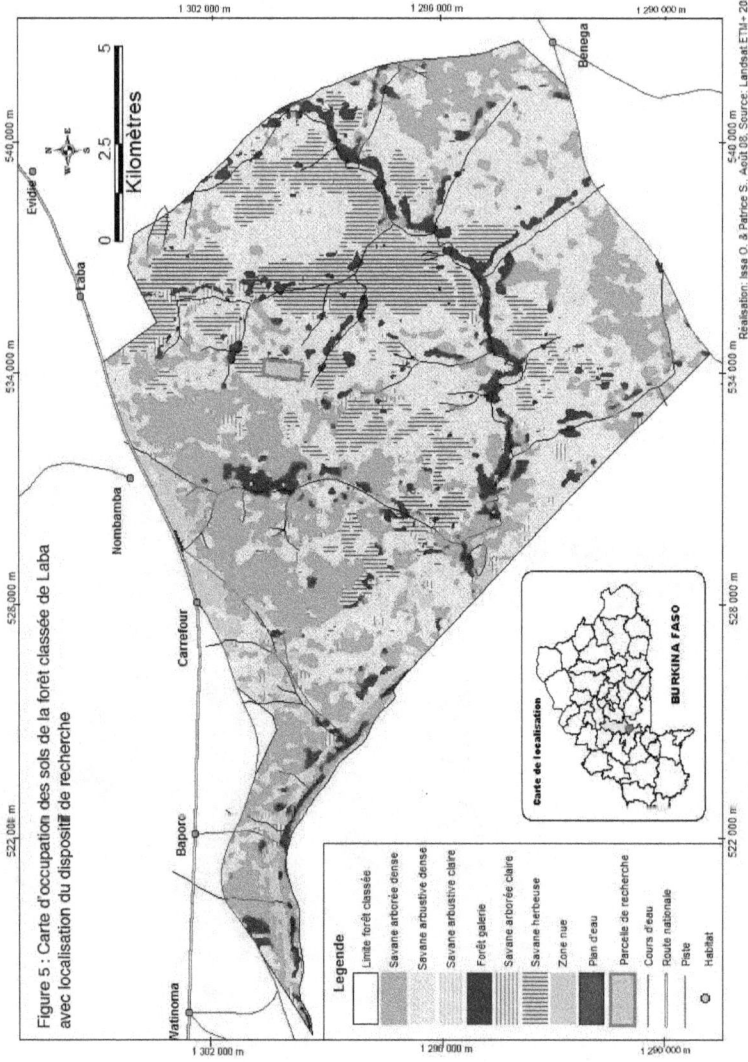

Figure 5 : Carte d'occupation des sols de la forêt classée de Laba avec localisation du dispositif de recherche

Legende

- Limite forêt classée
- Savane arborée dense
- Savane arbustive dense
- Savane arbustive claire
- Forêt galerie
- Savane arborée claire
- Savane herbeuse
- Zone nue
- Plan d'eau
- Parcelle de recherche
- Cours d'eau
- Route nationale
- Piste
- Habitat

Carte de localisation

BURKINA FASO

Kilomètres

Réalisation: Issa O. & Patrice S. Août 08, Source: Landsat ETM+ 2005

V. POPULATION ET ACTIVITES

A. Population

La forêt classée de Tiogo est située dans la commune de Ténado tandis que celle de Laba est localisée dans la commune de Zawara. Les populations des deux comunes sont estimées respectivement à 45 506 et 21 097 habitants selon le recensement général de la population de 2006 (MEF, 2008). La population de Tiogo est constituée majoritairement de l'ethnie Lyela tandis que les Nouni dominent à Laba. Dans les deux localités, vit une forte communauté de Mossi issue principalement de la migration suite à la sécheresse des années 1970. A Tiogo, le centre de soins de la lèpre, installé dans les années 1950, a attiré des malades et leurs accompagnants venus de certains pays de la sous-région. Certains y sont restés après guérison (Sawadogo, 1996). Des Peuls pasteurs sont installés aux abords des forêts classées. Une enclave leur a été octroyée dans la partie sud de la forêt classée de Tiogo.

B. Activités

A l'instar des autres régions du Burkina, l'agriculture et l'élevage constituent les principales activités des populations. Il s'agit d'une agriculture de subsistance entièrement dépendante de la pluie et consommatrice d'espaces. C'est une agriculture de type minier c'est à dire qu'il n'y a pas d'apport de fertilisants à la terre. L'augmentation rapide de la population conjuguée à la baisse de la production agricole due à la baisse de fertilité des sols et à la pluviométrie erratique ont entraîné une augmentation de la

35

superficie des champs. L'intensification de la culture de coton survenue ces dernières années a accentué d'avantage cette conquête de nouvelles terres. Les forêts classées paient un lourd tribut à cette expansion des terres agricoles. Le nombre de champs clandestins augmente ainsi dans les forêts classées avec le temps. Ainsi, la partie sud de la forêt classée de Tiogo est devenue quasiment une zone agricole (Figure 4). Il est unanimement reconnu que la principale menace des formations naturelles provient plutôt des défrichements à des fins agricoles que de la coupe de bois de feu et de service.

L'élevage de bovins, qui constituait l'activité traditionnelle des Peuls, est de plus en plus pratiqué par les agriculteurs. Les pasteurs qui transhumaient par le passé tendent à se sédentariser aux alentours des forêts classées à cause de l'occupation des pistes de transhumances et des pâturages par les champs agricoles. Il s'opère alors une augmentation de la charge animale et une fréquentation plus soutenue de ses entités forestières par les troupeaux.

Les forêts classées de Tiogo et de Laba font l'objet d'un aménagement depuis 1990. Les populations y sont organisées en groupements de débiteurs de bois pour exploiter le bois de feu selon un plan d'aménagement et un cahier de charge. Le bois exploité est vendu aux grossistes-transporteurs qui le revendent à Koudougou (pour le bois de Tiogo) et à Ouagadougou (à 140 km pour le bois de Laba).

La pêche est également une activité non négligeable dans le fleuve Mouhoun et ses affluents. Le bois nécessaire pour fumer le poisson provient principalement des forêts classées.

L'anthropisation accélérée constitue une menace pour le fleuve Mouhoun (Photos 12 à 15). Par exemple, tout le long du fleuve, l'extraction des huîtres et moules, la recherche de tortues occasionnent des feux qui dévastent la végétation des berges. L'abreuvement du bétail dans le lit du cours d'eau, l'émondage des espèces fourragères telle que *Pterocarpus santalinoides* occasionnent un ensablement du cours d'eau (observations personnelles). Les berges du fleuve Mouhoun sont aujourd'hui fortement dégradées par l'effet de l'homme qui pratique une agriculture qui ne respecte pas la bande de servitudes prévue sur l'ensemble de ces berges. Si rien n'est fait, ces entités forestières sont vouées à une disparition certaine.

Cette situation de pression humaine excessive observée dans les forêts classées de Laba et de Tiogo est commune à la majorité des formations naturelles du pays. C'est pour aider à une prise de décision visant leur sauvegarde que des dispositifs de recherche ont été installés dans les forêts classées de Laba et de Tiogo afin de générer des données nécessaires à l'aménagement durable des ces formations naturelles.

CONCLUSION PARTIELLE

Les forêts classées de Laba et de Tiogo sont toutes situées dans la zone soudanienne du Burkina Faso. Leurs végétations sont

37

dominées par des mosaïques de savanes arborées et arbustives. Elles sont bordées par le Mouhoun, seul fleuve à régime permanent du pays dont les berges se dégradent de plus en plus à cause des activités des riverains. Ces riverains, qui sont majoritairement agro-pasteurs, exercent également une grande pression sur ces forêts classées à la recherche de terres agricoles, de pâturage, de bois de service et de feu et de produits forestiers non ligneux divers. Afin de sauvegarder ces entités forestières, les populations riveraines se sont organisées en groupements pour une exploitation rationnelle du bois-énergie dans ces forêts classées sous l'encadrement technique du ministère chargé des forêts.

CHAPITRE III : LES DISPOSITIFS EXPERIMENTAUX DANS LES FORETS CLASSEES DE LABA ET DE TIOGO

I. DESCRIPTION DES DISPOSITIFS

Deux dispositifs factoriels ont été installés dans les forêts classées de Tiogo et de Laba pour étudier sur le long terme l'impact de la pâture, du feu précoce et de la coupe sélective de bois sur la dynamique des strates ligneuse et herbacée en savane soudanienne (Figures 6 et 7). Ces deux dispositifs expérimentaux de 50 ha chacun ont été installés en mai 1992 par l'Institut de Recherche en Biologie et Ecologie Tropicale (IRBET) en collaboration avec l'Université Suédoise des Sciences Agricoles (SUAS) et le Centre de Coopération Internationale en Recherche Agronomique pour le Développement (CIRAD-Forêt).

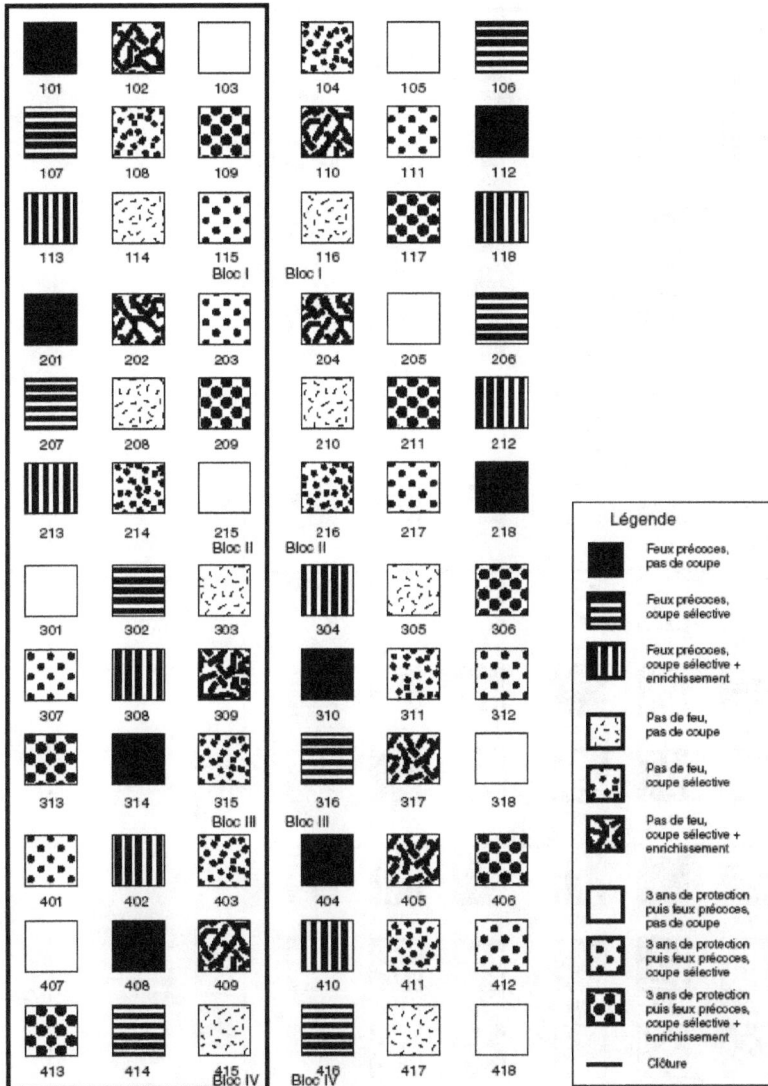

Figure 6 : Plan du dispositif expérimental de la forêt classée de Tiogo

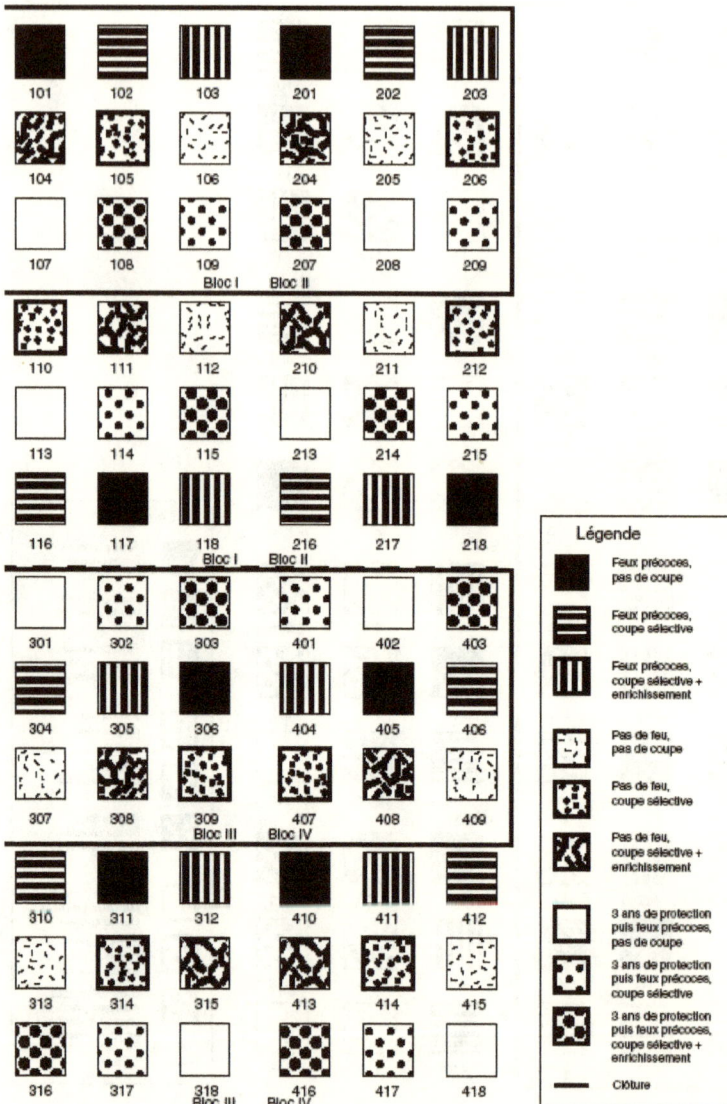

Figure 7 : Plan du dispositif expérimental de la forêt classée de Laba

42

Ce sont des dispositifs factoriels comprenant trois traitements principaux que sont la pâture, le feu précoce et la coupe sélective de bois.

Chaque dispositif comprend 72 parcelles de 2500 m^2 (50 m x 50 m). Les parcelles sont subdivisées en placettes de 25 m^2 (5 m x 5 m) matérialisées par des bornes en béton et en pierres peintes. Des pare-feux périmétraux et inter-parcelles de 20 à 30 m de large parcourent chaque dispositif. Ainsi 18 hectares sont consacrés aux traitements et 32 ha aux pare-feu.

Avant l'installation des dispositifs expérimentaux, la zone était fréquentée par les animaux sauvages et par le bétail des villages environnants. Ce sont surtout les bœufs dont la présence est la plus remarquable dans les forêts classées. Les autres animaux domestiques sont les chèvres et les moutons. Les animaux domestiques pâturent en forêt classée surtout en saison pluvieuse au moment où l'espace du terroir villageois est occupé par les cultures. Pendant la saison sèche, ils pâturent surtout les résidus de récolte et n'entrent en forêt classée que pour s'abreuver dans le fleuve et pâturer les jeunes feuilles de ligneux et les repousses de Poaceae vivaces induites par les feux de brousse. Parmi les animaux sauvages, la présence des éléphants est la plus remarquable eu égard aux dégâts causés à la végétation et à leurs empreintes dans les zones hydromorphes.

En se basant sur la production herbacée, la capacité de charge a été estimée à 1 UBT/ha/an à Laba et à 1,4 UBT/ha/an à Tiogo (Sawadogo, 1996). A l'instar de la pâture, la zone était parcourue annuellement par les feux de brousse à des temps variables selon les années (Novembre à Mai). Le ramassage de bois mort et la coupe de bois vert étaient pratiqués par les groupements de débiteurs de bois.

II. LES SOLS DES DISPOSITIFS

Les lixisols, selon la classification de la FAO (Driessen *et al.*, 2001), sont les sols les plus rencontrés dans ces forêts classées. Les sols sont superficiels (<45 cm de profondeur) et limono-sableux sur le dispositif de Laba tandis qu'ils sont profonds (>75 cm) et limono-argileux sur celui de Tiogo. Les caractéristiques physico-chimiques des sols des deux dispositifs sont résumées dans le tableau II.

Tableau II : Caractéristiques physico-chimiques (Valeurs moyennes et Ecart Type) des sols des dispositifs expérimentaux de Laba et de Tiogo.

Eléments	Localisation des dispositifs	
	Forêt classée de Laba	Forêt classée de Tiogo
Argile (%)	17,5 ± 8,8	24,8 ± 7.7
Limon fin (%)	8,7 ± 2,4	15,0 ± 4,3
Limon grossier (%)	16,4 ± 6,2	25,4 ± 3,0
Sable fin (%)	16,7 ± 4,3	21,7 ± 6,7
Sable grossier (%)	40,0 ± 11,6	13,1 ± 4,2
Matières Organiques Totales (%)	2,1 ± 0,6	1,8 ± 0,7
Azote Totale (%)	0,1 ± 0,0	0,1 ± 0,0
C/N (%)	15,9 ± 4,9	11,4 ± 4,6
Phosphore assimilable (ppm)	1,3 ± 1,0	1,4 ± 0,7
pH H_2O	6,2 ± 0,7	6,2 ± 0,5

III. LES TRAITEMENTS SYLVICOLES APPLIQUES SUR LES DISPOSITIFS

Les traitements sylvicoles appliqués dans les deux dispositifs expérimentaux de Laba et de Tiogo sont la pâture, la coupe sylvicole et le feu précoce. Le tableau III donne la synthèse des combinaisons des différents traitements dans ces dispositifs expérimentaux.

Chaque dispositif comporte 18 combinaisons de traitements intégrant la pâture, le feu et la coupe de bois. Chaque combinaison de traitements est répétée dans quatre (04) parcelles de 2500 m^2 chacune.

A. La pâture

Depuis 1992, la moitié de chaque dispositif, soit 36 parcelles, est soustraite à la fréquentation du bétail par une clôture en fil de fer barbelé tandis que l'autre moitié est librement pâturée. Le traitement de la pâture constitue une pseudo-réplication d'un point de vue statistique. En effet, la rigueur statistique commandait une clôture aléatoire des parcelles. La disposition actuelle de la clôture a été dictée par des préoccupations d'ordres pratique et financier. En effet, la clôture individuelle de 36 parcelles avec des matériaux définitifs aurait coûté excessivement cher. De même, la protection contre le feu dans le long terme de ces parcelles unitaires aurait été plus difficile.

B. Le feu précoce annuel

Dans chaque dispositif expérimental, 24 parcelles sont brûlées annuellement en feu précoce depuis 1992. Le feu précoce consiste à brûler la végétation avant que la strate herbacée ne se dessèche complètement afin d'obtenir une combustion incomplète et des feux de moindre intensité que ceux tardifs. La période de mise à feu des parcelles d'études dépend de l'état de dessiccation de la strate herbacée. Elle intervient en général en fin octobre – début

46

novembre quand le taux d'humidité des principales Poaceae vivaces en présence est d'environ 40 %.

C. La protection pendant 3 ans suivie du feu précoce annuel

Dans chaque dispositif expérimental, 24 parcelles sont protégées du feu pendant 3 années consécutives de 1992 à 1994. Ces parcelles sont ensuite brûlées annuellement en feu précoce depuis 1995.

Ce traitement a été initié pour tester la prescription contenue dans la plupart des plans d'aménagement forestier à savoir la protection des parcelles exploitées pendant 3 à 5 ans du feu. Ce laps de temps est supposé être suffisant pour permettre aux jeunes individus (plantules, semis, drageons, rejets de souche) d'atteindre des tailles et vigueur suffisantes pour résister au feu.

Tableau III : Traitements sylvicoles et leurs combinaisons dans les dispositifs expérimentaux de Tiogo et de Laba.

Pâture	Feu	Coupe sélective	Nombre parcelles de 2500 m^2
		Pas de coupe	4
Pâturé	Feu annuel précoce	Coupe sélective	4
		Coupe + Enrichissement	4
		Pas de coupe	4
		Coupe sélective	4
	Pas de feu	Coupe + Enrichissement	4
			4
	3ans protection puis feu précoce	Pas de coupe	4
		Coupe sélective	4
		Coupe + Enrichissement	4
			4
		Pas de coupe	4
Non Pâturé	Feu annuel précoce	Coupe sélective	
		Coupe + Enrichissement	4
			4
		Pas de coupe	4
	Pas de Feu	Coupe sélective	
		Coupe + Enrichissement	4
			4
	3ans protection Puis Feu précoce	Pas de coupe	4
		Coupe sélective	
		Coupe+ Enrichissement	

D. La protection contre le feu

Les 24 parcelles restantes au niveau de chaque dispositif expérimental bénéficient d'une protection intégrale contre le feu depuis 1992. Elles peuvent être considérées comme des parcelles témoins dans le cadre de cette expérimentation.

E. La coupe de bois

Il s'agit d'une coupe sélective des ligneux selon des critères d'espèces et de tailles définis selon les usages des populations. Ainsi, 48 parcelles de chaque dispositif ont été exploitées en Mai 1993 à Tiogo et en Janvier 1994 à Laba.

F. L'enrichissement

Il concerne 24 parcelles parmi celles exploitées en coupe sélective. Ainsi, des graines des espèces ligneuses suivantes ont été récoltées dans chaque forêt classée et semées sur ces parcelles : *Anogeissus leiocarpus*, *Cassia sieberiana* DC., *Combretum nigricans*, *Detarium microcarpum*, *Prosopis africana* (Guill. & Perr.) Taub., *Tamarindus indica*,

Terminalia avicennioides et Terminalia macroptera. L'objectif est d'assister la régénération de ces parcelles afin de pallier l'effet de la coupe.

Deux graines de chaque espèce sont semées par poquet excepté *Anogeissus leiocarpus* dont les poquets contiennent une poignée de semences à cause du faible taux de germination des graines de cette espèce (< 2%). Les poquets sont disposés en lignes avec un écartement de 4 mètres entre lignes et entre poquets. Malheureusement, l'enrichissement n'a pas donné des résultats escomptés car des rongeurs et des oiseaux ont déterré les graines et consommés les jeunes radicules des plantules. De nombreux auteurs ont rapporté l'échec des semis directs en zone aride (Gampiné, 1998 ; Kaboré, 2004 ; Sawadogo, 2006). Les raisons évoquées sont principalement le déterrement des graines par des prédateurs et la mortalité des plantules due aux feux de brousse et à la sècheresse.

CONCLUSION PARTIELLE

Les deux dispositifs expérimentaux ont été installés dans les forêts classées de Laba et de Tiogo pour étudier dans le long terme les effets de la pâture, du feu et de la coupe sélective sur la dynamique de la végétation. Le dispositif de Laba est situé sur des sols superficiels tandis que celui de Tiogo est localisé sur des sols profonds. L'application des mêmes traitements sylvicoles sur ces deux types de sols est supposée générer des résultats applicables à l'ensemble de la zone soudanienne.

CHAPITRE IV : CARACTERISTIQUES DE LA VEGETATION DES DISPOSITIFS EXPERIMENTAUX DES FORETS CLASSEES DE LABA ET DE TIOGO

I. LA STRATE LIGNEUSE

A. Composition floristique

1. Méthode d'étude

Avant l'application des traitements, un inventaire des ligneux a été réalisé en 1992 sur les deux dispositifs après la délimitation des parcelles. Afin de déceler l'influence des traitements sur les ligneux, deux inventaires ultérieurs ont été réalisés en 1996 et 1997 (à Tiogo et à Laba respectivement) et en 2002 sur les deux dispositifs. Les inventaires consistent en un recensement exhaustif et mensurations de tous les individus ligneux présents sur les 72 parcelles de 2500 m² chacune.

Ainsi en procédant par placette de 25 m² jusqu'à couvrir toute la parcelle de 2500 m², les paramètres suivants sont enregistrés pour chaque individu ligneux :

- la position sur la placette en relevant les coordonnées X et Y ;

- le code de l'espèce ;

- le nom scientifique de l'espèce ;

- le n° de souche ;

- le n° de brin ;

- la hauteur de chaque brin à l'aide d'une perche graduée de 6 ± 0,5 m ;

- la circonférence à la base de chaque brin à l'aide d'un ruban de couturier de 150 ± 1 cm ;

- la circonférence à hauteur de poitrine (1,30 m) de chaque brin à l'aide du ruban de couturier.

Les mensurations de circonférence ont concerné seulement les brins dont la circonférence est supérieure ou égale à 10 cm (circonférence de précomptage).

2. Résultats et discussion

L'inventaire ligneux des 18 ha des 72 parcelles de chacun des deux dispositifs réalisé en 1992 avant l'application des traitements donne les résultats suivants :

2.1. Dispositif expérimental de Tiogo

75 espèces ligneuses, réparties dans 27 familles, sont recensées sur le dispositif expérimental de Tiogo. Cinq familles dominent la population ligneuse avec 78 % du nombre de pieds total. Il s'agit des Mimosaceae (36 %), Combretaceae (17 %), Fabaceae (12 %), Anacardiaceae (7 %), Sapotaceae (6 %). Les espèces les plus représentées sur ce site sont : *Acacia macrostachya* (10 %), *Entada africana* (8 %), *Combretum nigricans* (7 %) et *Vitellaria paradoxa* (6 %).

2.2. Dispositif expérimental de Laba

79 espèces réparties dans 27 familles sont recensées sur les parcelles du dispositif de Laba. Six familles dominent la population ligneuse de ce site avec 90 % du nombre de pieds. Il s'agit des Cesalpiniaceae (28 %), Combretaceae (22 %), Mimosaceae (14 %), Rubiaceae (9 %), Loganiaceae (9 %) et Annonaceae (8 %). Les espèces les plus représentées sont *Detarium microcarpum* (22 %), *Combretum fragrans* (8 %) *Strychnos spinosa* Lam. (8 %) et *Annona senegalensis* Pers. (8 %).

Le dispositif de Tiogo comporte plus de 88 % des espèces ligneuses recensées dans toute la forêt classée de Tiogo par Savadogo (2002).

B.Biomasse ligneuse et tarifs de cubage

1. Méthode d'étude

La production de bois est estimée en procédant à une exploitation de certaines parcelles des deux dispositifs par coupe sélective selon des critères précis.

Ainsi, sur les 72 parcelles que compte chaque dispositif expérimental, 48 ont fait l'objet de coupe sélective en Décembre 1993 à Tiogo et un mois plus tard en Janvier 1994 à Laba. L'objectif est d'évaluer la production de bois des formations naturelles et d'élaborer des tarifs de cubage afin de satisfaire la demande des aménagistes forestiers. Les tarifs de cubage sont des outils d'estimation indirecte de volumes ou de masses de bois. On élabore

54

habituellement des tarifs de cubage individuels ou tarifs de cubage arbre et des tarifs de cubage peuplement (Rondeux, 1999). Selon le même auteur, un tarif de cubage individuel se présente sous la forme d'un tableau chiffré, d'un graphique ou encore d'une équation qui fournit le volume ou la masse d'un arbre en fonction d'une ou de plusieurs caractéristiques dendrométriques directement mesurables relatives à celui-ci. Le volume ou la masse d'un peuplement correspond à la sommation de volumes ou de masses individuelles d'arbres.

1.1. La coupe sélective de bois

En se basant sur la perception des populations locales, quatre catégories de bois sont définies pour la coupe (critères de coupe) :

- les **réserves** : ce sont des espèces épargnées par la coupe. Il s'agit d'espèces qui, d'habitude, ne sont pas exploitées par les populations comme bois de feu. Il s'agit d'espèces fruitières, fourragères, médicinales telles que *Vitellaria paradoxa, Tamarindus indica, Sclerocarya birrea* (A. Rich.) Hochst., *Bombax costatum* Pellegr. & Vullet, *Sterculia stigera* Del.,

Lannea microcarpa Engl. & Kraus., *L. acida, Prosopis africana, Pterocarpus erinaceus, Balanites aegyptiaca* (L.) Del. ;

- **les espèces exploitées à un diamètre ≥ 30 cm**. Il s'agit des espèces pouvant fournir du bois d'œuvre ou de service à l'âge adulte. Ce sont *Terminalia avicennioides, T. laxiflora* Engl., *T. macroptera, Burkea africana;*

- **les espèces exploitées à un diamètre > 14 cm**. Ce sont les espèces productrices de bois de service et de bois de feu. Ce sont : *Combretum nigricans, Detarium microcarpum, Anogeissus leiocarpus , Crossopteryx febrifuga* (Afzl. G. Don) Benth., *Mitragyna inermis ;*

- **les espèces exploitées à un diamètre > 8 cm.** Ces espèces produisent essentiellement du bois de feu pour les ménages. Ce sont : *Acacia macrostachya, Combretum micranthum, Combretum fragrans, Piliostigma thonningii.*

Il est à noter que tous les individus malades et morts sont exploités quelque soit la catégorie de bois à laquelle ils appartiennent. Les individus sont exploités à hauteur de 15 cm du sol à l'aide de haches locales. L'individu coupé est débité en brins de un (1) mètre de long et pesé (gros bois); les brins inférieurs à 1 m de long et à 10 cm de circonférence sont regroupés en fagots et pesés (petit bois). La pesée se fait à l'aide de pesons de 50 ± 0,1 kg et d'une balance romaine de 150 ± 0,5 kg de portée. Des échantillons sont prélevés par espèces et séchés au soleil jusqu'à poids constant en vue de la détermination de la Matière Sèche (MS).

Tous les individus coupés ont été cartographiés sur chaque placette de 25 m^2 à l'aide de leurs coordonnées géographiques X et Y pour permettre un suivi individuel ultérieur. En effet, la coupe de bois a permis également d'étudier par la suite la réaction des espèces à la coupe ainsi que la vitesse de reconstitution du capital ligneux afin de pouvoir déterminer une période de rotation optimale pour l'exploitation de bois.

1.2. Elaboration des tarifs de cubage

Dans cette étude, les équations de régression de tarif individuel ont été élaborées pour la biomasse totale de bois de onze espèces exploitées comme bois de feu exprimées en fonction de paramètres facilement mesurables tels que le diamètre à hauteur de poitrine, la surface terrière et la hauteur. La construction de ces tarifs individuels permettra d'estimer une grande partie de la biomasse qui pourrait être prélevée dans ces types de formations naturelles. Les espèces concernées par les tarifs de cubage sont : *Acacia dudgeoni* Craib. ex Holl., *Anogeissus leiocarpus*, *Acacia macrostachya*, *Combretum fragrans*, *Combretum micranthum*, *Combretum glutinosum*, *Combretum nigricans*, *Crossopteryx febrifuga*, *Detarium microcarpum*, *Entada africana* et *Piliostigma thonningii.*

Pour les besoins de la construction du tarif « biomasse totale », la masse totale de l'individu coupé a été considérée bien qu'en général le petit bois (rameaux et brindilles) est abandonné sur place car jugé encombrant à transporter au regard de son pouvoir peu calorifique. Les estimations de la biomasse totale des arbres sont utiles dans l'évaluation de la structure des formations arborées (Chave et al., 2001; Houghton and Goodale, 2004), de la productivité des formations naturelles et de la séquestration de

57

carbone dans la biomasse (Clark et al., 2001). De plus, avec la raréfaction des ressources ligneuses, les petits brins sont de plus en plus commercialisés.

Les analyses statistiques ont recherché à établir la relation entre la variable de réponse PoidsT (poids du bois produit en kg) et les variables explicatives Dbase (diamètre à la souche en cm), DBH (diamètre à hauteur de poitrine en cm), Haut (hauteur de l'arbre en cm). Pour chaque espèce, le modèle le plus complexe a été d'abord élaboré. Ensuite, les modèles ont été mis à jour en éliminant successivement les termes non significatifs jusqu'à obtenir un modèle minimal avec tous les termes significatifs suivant la procédure décrite par Crawley (2005). Pour toutes les espèces une transformation logarithmique de la variable dépendante a été faite au préalable vue que cela améliorait substantiellement l'ajustement des modèles. En général, les individus avec des valeurs suggérées par les hypothèses du modèle comme aberrantes ont été éliminés des analyses. Toutes les analyses statistiques ont été réalisées dans le logiciel de statistiques R (R Development Core Team 2007). Les graphiques ont été réalisés à l'aide du logiciel Origin 7.5 (Copyright 1991-2008 Origin Lab Corporation).

2. Résultats et discussion

2.1. Paramètres de production

Les mensurations avant l'application des traitements des différents individus ligneux sur les deux dispositifs ont permis de calculer les paramètres de production caractérisant les peuplements. Ce sont : la densité ou le nombre de tiges par unité de surface, les surfaces terrières à la base (5 cm de hauteur) et à 130 cm (hauteur de poitrine). Ces paramètres sont été présentés en fonction des parcelles devant subir les différents traitements (Tableau IV).

La coupe sylvicole réalisée en 1993 et 1994 a permis d'estimer la masse de bois extraite des deux dispositifs. La production de bois est présentée en fonction des espèces et des catégories d'utilisation (Tableau V).

Tableau IV : Densité moyenne (Nombre tiges/ha) et surface terrière (m²/ha) des ligneux des dispositifs de Tiogo et de Laba par traitement.

		Dispositifs	
		Tiogo	Laba
Traitements (Coupe)	Paramètres	Moyenne ± Erreur Standard	Moyenne ± Erreur Standard
Pas de coupe (24 parcelles, 6 ha)	Nb de tiges total	8747 ± 1106	6292 ± 852
	Nb tiges ≥10cm	855 ± 85	772 ± 85
	Stbase (m²)	12,0 ± 1,8	10,7 ± 1,4
	St130 (m²)	6,9 ± 1,2	6,3 ± 0,9
Avec coupe sélective (24 parcelles, 6 ha)	Nb de tiges total	9428 ± 1615	6676 ± 1112
	Nb tiges ≥10cm	892 ± 92	796 ± 111
	Stbase (m²)	10,5 ± 1,2	10,1 ± 1,1
	St130 (m²)	5,9 ± 0,7	6,1 ± 1,0
Avec coupe sélective et enrichissement (24 parcelles, 6 ha)	Nb de tiges total	8740 ± 1036	7939 ± 944
	Nb tiges ≥10cm	855 ± 105	881 ± 129
	Stbase (m²)	10,5 ± 1,4	11,7 ± 1,1
	St130 (m²)	6,0 ± 0,9	6,9 ± 0,8
Dispositif (72 parcelles, 18 ha)	**Nb de tiges total**	**8888 ± 743**	**6549 ± 542**
	Nb tiges ≥10cm	**875 ± 58**	**815 ± 62**
	Stbase (m²)	**11,0 ± 0,9**	**10,9 ± 0,7**
	St130 (m²)	**6,3 ± 0,6**	**6,4 ± 0,5**

Stbase = Surface terrière à la base. St130 = Surface terrière à 130 cm.

Tableau V : Nombre moyen de tiges /ha et poids (Pd) exploités par espèces et par catégorie d'utilisation des dispositifs de Tiogo et Laba.

Catégorie	Espèces	Tiogo Nb tiges	Tiogo Pd (Kg)	Tiogo % Pd	Laba Nb tiges	Laba Pd (Kg)	Laba % Pd
Réserves	*Vitellaria paradoxa*	1,1	184	1,3	1,0	117	0,6
(malades)	*Prosopis africana*	0,2	6	0,0	0,2	173	0,9
	Pterocarpus erinaceus	-	-	-	0,6	194	1,0
	Autres	0,8	36	0,3	1,3	238	1,2
	Sous total	**2,1**	**226**	**1,6**	**3,1**	**722**	**3,6**
Bois de service et de feu	*Burkea africana*	-	-	-	5,8	2569	12,7
	Mitragyna inermis	0,7	315	2,2	-	-	-
	Terminalia avicennioides	2,4	1132	7,9	2,4	441	2,2
	Terminalia macroptera	0,9	544	3,8	0,7	241	1,2
	Anogeissus leiocarpus	8,8	2278	15,8	3,5	1583	7,9
	Detarium microcarpum	19,8	1414	9,8	100,1	6058	30,1
	Crossopteryx febrifuga	3,7	196	1,4	19,9	2195	10,9
	Autres	13,8	522	3,6	11,4	791	3,9
	Sous-total	**50,1**	**6401**	**44,5**	**143,8**	**13878**	**68,9**
Bois de feu et divers	*Acacia dudgeoni*	1,4	56	0,4	49,0	1953	9,7
	Acacia macrostachya	39,5	700	4,9	21,5	530	2,6
	Combretum glutinosum	10,8	425	3,0	0,6	12	0,1
	Combretum fragrans	11,0	368	2,6	40,8	1403	7,0
	Entada africana	96,9	3064	21,3	4,3	65	0,3
	Piliostigma thonningii	45,0	1097	7,6	10,3	289	1,4
	Autres	55,5	2057	14,3	25,3	1302	6,5
	Sous-total	**260,1**	**7767**	**54,0**	**151,8**	**5554**	**27,6**
	TOTAL	**312,3**	**14394**	**100**	**298,7**	**20154**	**100**

61

Sur les 8888 tiges/ha et les 6549 tiges/ha que comptent les dispositifs de Tiogo et de Laba respectivement au début de l'étude, près de 90 % appartiennent à la catégorie de la régénération car ayant une circonférence à la base inférieure à 10 cm. Seulement 10 % et 12 % des tiges dont la circonférence est supérieure à 10 cm (« gros bois ») sont pris en compte dans l'estimation de la production du bois des deux dispositifs. En effet, les valeurs de surfaces terrières ainsi que la coupe de bois ne concernent que cette frange de la population. Les mêmes ordres de grandeur ont été trouvées dans la forêt classée du Nazinon (Sawadogo, 2007), les chantiers d'aménagement forestier de Bougnounou-Nebielianayou (Nouvellet et Sawadogo, 1994) et dans le parc W (Sawadogo, 2004 ; Dayamba, 2005).

La coupe a extrait 36 % des 875 tiges/ha de gros bois du dispositif de Tiogo et 37 % des 815 tiges/ha du dispositif de Laba. L'extraction en terme de surface terrière correspond à 47 % des 11,0 m^2/ha que compte le dispositif de Tiogo et à 58 % des 10,9 m^2/ha du dispositif de Laba. Le dispositif de Laba est le plus productif en bois avec 2 tonnes/ha de bois exploité contre 1,4 tonnes/ha pour celui de Tiogo.

La quantité de bois exploitée dans la catégorie « réserve » est constituée par les individus malades et morts. Elle constitue une mesure de l'état sanitaire des peuplements. A ce titre le peuplement de Laba comporte deux fois plus d'individus malades ou morts que celui de Tiogo. Cela est attribuable à l'effet des éléphants qui ont terrassé plus d'arbres à Laba qu'à Tiogo. La catégorie « bois de service et de feu » est plus importante à Laba (70 %) qu'à Tiogo (45

%) à cause de l'abondance de *Burkea africana*, *Detarium microcarpum* et *Crossopteryx febrifuga* sur le premier site. *Detarium microcarpum* est l'espèce la plus productive avec plus de 30 % de la production de bois du dispositif de Laba tandis qu'à Tiogo la plus grande production est fournie par *Entada africana*. L'abondance de *Detarium microcarpum* confère au site de Laba de plus grandes potentialités en matière de bois de feu. En effet, cette espèce est la plus recherchée et la plus exploitée comme bois de feu dans les chantiers d'aménagements forestiers (Sawadogo, 2007 ; Die, 2005 ; Kaboré, 2004). Par contre, le site de Tiogo, dominé par *Acacia macrostachya* et *Entada africana,* possède de faibles potentialités en bois de feu car ces espèces ne constituent pas du bois commercialisable à cause de leur petite taille et de leur faible pouvoir calorifique.

2.2. Tarifs de cubage

Un résumé des statistiques descriptives pour les estimateurs de la biomasse aérienne de bois est donné dans le tableau VI. Les onze espèces diffèrent à l'égard de toutes les variables explicatives et de la biomasse mesurée. *Anogeissus leiocarpus* possède la biomasse la plus élevée suivi de *Crossopteryx febrifuga* avec une variation intra-arbre relativement élevée. La plus faible biomasse est enregistrée chez *Combretum micranthum* avec 23,548 ± 2,92 kg MS tandis que celles des autres espèces oscillent entre 27, 95 ± 1,86 et 357,86 ± 46,60 kg MS. La hauteur et les diamètres moyens à la base et à hauteur de poitrine sont aussi les plus élevés pour *A. leiocarpus*. Toutes les autres espèces considérées ont un diamètre à la base inférieure à 20 cm tandis que leurs diamètres à hauteur de poitrine sont en dessous de 10 cm exception faite de *Detarium microcarpum*.

L'analyse de régression, qui est une des analyses statistiques permettant de produire un modèle de relation entre deux types de variables (estimateur et valeur estimée), d'estimer l'adéquation de ce modèle et de voir graphiquement la correspondance entre les données et le modèle, est utilisée pour la construction des tarifs de cubage. Les graphiques (Figure 8a à 8k) ci-dessous illustrent la concordance entre les observations et les valeurs prédites par les modèles pour chacune des espèces dans la recherche de la relation existante entre la production de bois et les paramètres dendrométriques. Le pouvoir de prédiction du modèle, donné par R^2 ajusté, donne la concordance entre les probabilités calculées et les fréquences des réponses observées. Les résultats obtenus avec la régression linéaire (tableau VII) sont dans l'ensemble satisfaisants, les valeurs des R^2 ajustées oscillant entre 53 et 88 %. Les régressions linéaires sont toutes statistiquement significative (p <0,001) avec cependant des différences dans la pente de régression. Les erreurs standard des différentes estimations sont de l'ordre de 0,5. La qualité de la régression est légèrement plus faible pour *A. macrostachya* tandis qu'elle est meilleure pour *A. leiocarpus*. Pour la plupart des espèces, exception faite *A. dudgeoni*, *A. macrostachya* et *C. glutinosum*, la variation observée dans la biomasse est expliquée simultanément par les diamètres à la base et à hauteur de poitrine ainsi que par la hauteur des individus.

64

Tableau VI : Taille de l'échantillon et statistiques descriptives des caractéristiques dendrométriques des arbres coupés pour la construction des tarifs de cubage

	N	Dbase (cm)	DBH (cm)	Hauteur (cm)	Biomasse (kgMS)
Acacia dudgeoni	603	11,845 ± 0,132	8,934 ± 0,121	455,713 ± 4,770	48,790 ± 8,750
Anogeissus leiocarpus	126	28,167 ± 1,330	19,820 ± 1,160	770,079 ± 1,600	357,860 ± 46,600
Acacia macrostachya	583	10,848 ± 0,146	6,967 ± 0,112	377,480 ± 4,070	27,951 ± 1,860
Combretum glutinosum	108	14,245 ± 0,615	9,552 ± 0,383	473,611 ± 3,800	55,817 ± 7,200
Combretum fragrans	455	13,975 ± 0,267	8,903 ± 0,190	381,099 ± 5,130	49,275 ± 2,840
C. micranthum	114	10,985 ± 0,467	6,929 ± 0,325	424,211 ± 1,700	23,548 ± 2,920
Combretum nigricans	152	14,608 ± 0,591	9,340 ± 0,409	440,000 ± 6,000	70,975 ± 9,300
Crossopteryx febrifuga	264	21,492 ± 0,450	14,901± 0,363	557,898± 9,830	110,339± 6,060
Detarium microcarpum	1372	17,131 ± 0,136	12,018 ± 0,110	500,824 ± 3,750	67,990 ± 2,460
Entada africana	1049	13,529 ± 0,137	9,591± 0,123	472,207 ± 4,880	35,626 ± 1,150
Piliostigma thonningii	507	12,824 ± 0,199	8,891 ± 0,162	347,961 ± 4,210	33,132 ± 1,600

N = Nombre d'échanitllons ; Dbase = Diamètre à la base (15 cm du sol) ; DBH = Diamètre à hauteur de poitrine (130 cm).

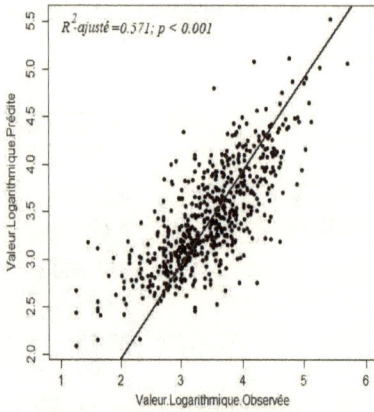

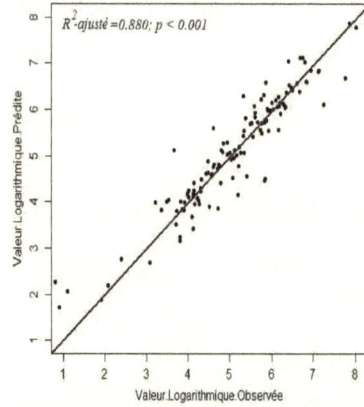

Figure 8a : *Acacia dudgeoni*   Figure 8b : *Anogeissus leiocarpus*

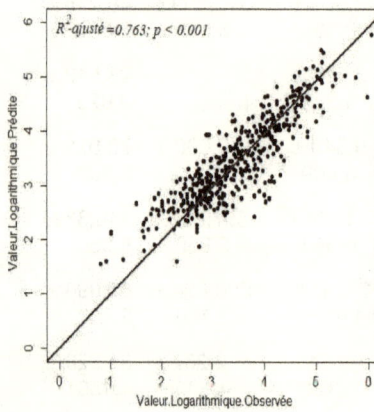

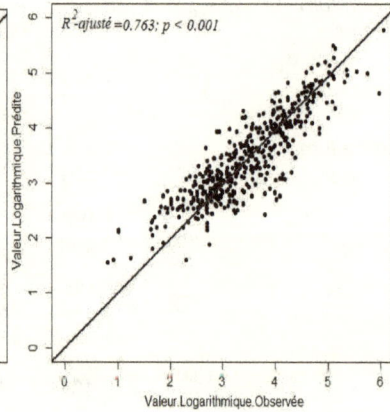

Figure 8c : *Acacia macrostachya*   Figure 8d : *Combretum fragrans*

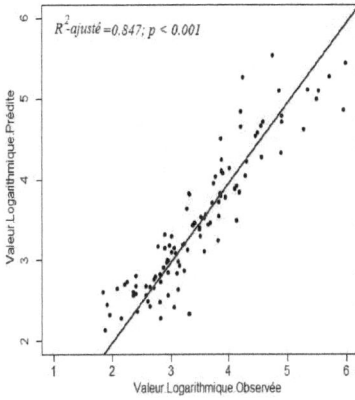

Figure 8e : **Combretum glutinosum**

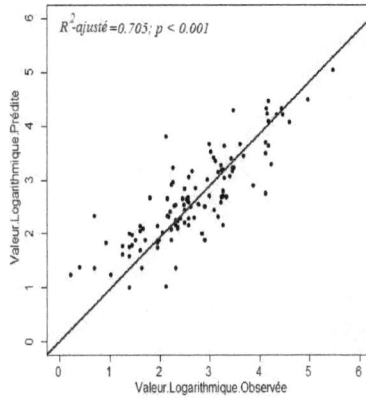

Figure 8f : **Combretum micranthum**

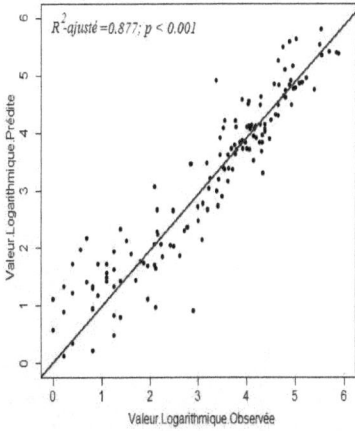

Figure 8g : **Combretum nigricans**

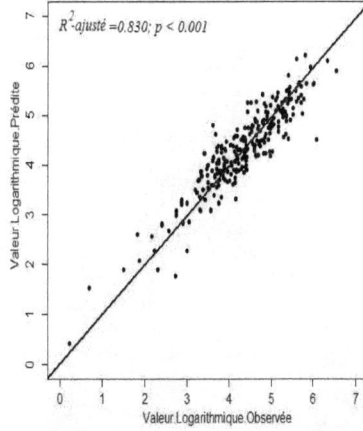

Figure 8h: **Crossopteryx febrifuga**

67

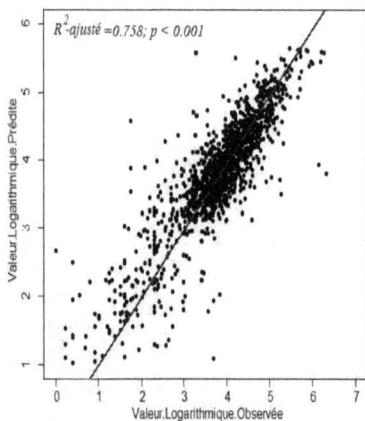

Figure 8i: *Detarium microcarpum*

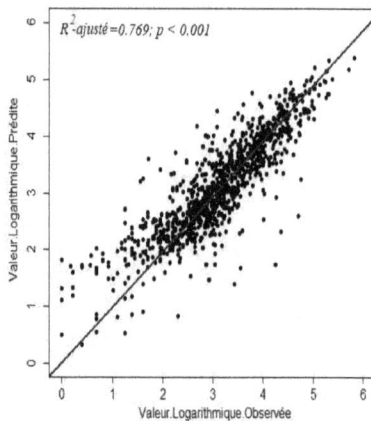

Figure 8j: *Entada africana*

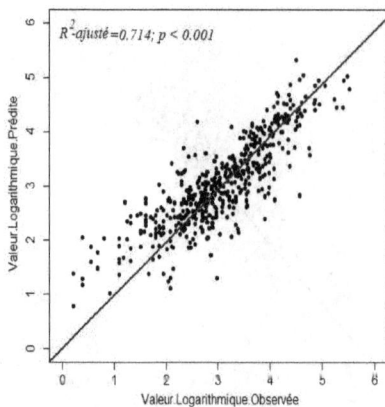

Figure 8k: *Piliostigma thonningii*

Tableau VII: Fonctions de régression pour la production de bois (en valeur logarithmique) de 11 espèces à bois

	AD	AL	AM	CF	CGL	CM	CN	CF	DM	EA	PT
Intercept	1,1234	$-6,366 \ 10^{-1}$	$-4,901 \ 10^{-1}$	$-2,639 \ 10^{-1}$	0,614	$-0,847$	$-0,964$	$-3,37 \ 10^{-1}$	$-5,519 \ 10^{-1}$	$-3,541 \ 10^{-1}$	$-0,372$
Dbase (cm)	0,058	$-6,979 \ 10^{-2}$	$2,364 \ 10^{-1}$	$1,900 \ 10^{-1}$	0,125	0,216	0,175	$7,37 \ 10^{-2}$	$1,626 \ 10^{-1}$	$9,145 \ 10^{-2}$	0,123
DBH (cm)	0,065	$2,849 \ 10^{-1}$		$1,991 \ 10^{-1}$	0,190	0,197	0,226	$2,74 \ 10^{-1}$	$1,452 \ 10^{-1}$	$1,601 \ 10^{-1}$	0,193
H (cm)	0,002	$3,983 \ 10^{-1}$	$5,185 \ 10^{-3}$	$3,198 \ 10^{-3}$		$1,636 \ 10^{-3}$	$1,672 \ 10^{-3}$	$3,627 \ 10^{-3}$	$2,695 \ 10^{-3}$	$3,283 \ 10^{-3}$	$2,467 \ 10^{-3}$
Dbase × DBH		$-4,728 \ 10^{-3}$		$-8,219 \ 10^{-3}$	$-4,71 \ 10^{-3}$	$-1,002 \ 10^{-2}$	$7,695 \ 10^{-3}$	$-5,528 \ 10^{-3}$	$-3,693 \ 10^{-3}$	$-2,448 \ 10^{-3}$	$-5,809 \ 10^{-3}$
Dbase × H			$-3,931 \ 10^{-4}$	$-2,164 \ 10^{-4}$					$-7,678 \ 10^{-5}$		
DBH × H		$-2,200 \ 10^{-4}$	$1,908 \ 10^{-4}$					$-2,387 \ 10^{-4}$		$-9,855 \ 10^{-5}$	
Dbase × DBH × H		$3,345 \ 10^{-6}$		$7,465 \ 10^{-6}$				$4,737 \ 10^{-6}$			
dl Res.	596	119	572	442	101	106	141	254	1363	1040	500
F	273,4	153,8	161,7	241,8	194,0	66,58	259,6	212,6	857,4	697,4	315,7
Error Std.	0,469	0,468	0,573	0,436	0,366	0,547	0,545	0,380	0,469	0,479	0,516

Variable dependante Log(Poids total bois, kg); **Dbase** = Diamètre à la base; **DBH**: Diamètre à hauteur de poitrine; **H** = Hauteur individu; **dl** : dégré de liberté des résidus; **Std. Error est.**: Erreur standard de l'estimation; **AD**: *A. dudgeoni*; **AL** : *A. leiocarpus* ; **AM** : *A. macrostachya*; **CF**: *C. fragrans* ; **CGL**: *C. glutinosum* ; **CM**: *C. micranthum*; **CN**: *C. nigricans*; **CF**: *C. febrifuga*; **DM**: *D. microcarpum*; **EA** : *E. africana* ; **PT** : *P. thonnigii*.

Ces travaux de construction de tarifs de biomasse ont tenu compte du contexte local. En effet, les espèces choisies ont été celles les plus utilisées et les plus représentées localement. De plus, l'utilisation des tarifs de cubage établis permet une estimation de la quantité de biomasse disponible avant les opérations de coupes. Ces tarifs constituent une première réponse à la préoccupation des chantiers d'aménagement forestiers et pour les inventaires forestiers nationaux. Cependant il est important de tester ces équations avec des données indépendantes pour éviter toute prédiction de terrain biaisée.

II. LA STRATE HERBACEE

La strate herbacée est la plus sujette aux aléas climatiques (pluviosité notamment) et aux effets des divers traitements appliqués. C'est pourquoi, elle fait l'objet d'inventaire floristique et d'estimation de la production de phytomasse annuellement depuis 1992.

A. Composition floristique

1. Méthode d'étude

La méthode d'inventaire utilisée est celle dite des points quadrats de Daget et Poissonet (1971). Elle permet de caractériser l'importance de chacune des espèces dans le tapis végétal en mesurant son recouvrement par l'observation de fréquences sous des points. Elle permet également d'étudier l'évolution de la composition floristique d'un pâturage dans le temps.

Au sein de chaque parcelle, une ligne est matérialisée de manière permanente à l'aide de peinture sur des bornes (ligne de flore). Afin de permettre un suivi pluriannuel de l'évolution de la végétation, les relevés se font rigoureusement sur les mêmes lignes de flore chaque année. Le relevé se fait au moment de l'épiaison-fructification des espèces dominantes. C'est à cette période que les espèces sont les plus discernables. Ce stade phénologique correspond également à la période de biomasse maximale de la strate herbacée (Fournier, 1991, Zoungrana, 1991).

Ainsi, sur chaque parcelle cent (100) mesures sont effectuées le long d'un ruban de 20 m tendu au dessus du tapis herbacé ou en son sein sur la ligne de flore; une lecture verticale est réalisée tous les 20 cm le long d'une aiguille qui est légèrement plantée dans le sol.

A chaque point de lecture sont relevés les paramètres structuraux suivants :

- **présence** : observation d'une espèce sous un point,

- **contact** : intersection d'un organe aérien (chaume, feuille, fleur, fruit...) avec l'aiguille.

Ces paramètres servent à calculer la Fréquence Spécifique (F.S.) et la Contribution Spécifique (C.S.).

71

La fréquence spécifique d'une espèce, FS_i, est le nombre de fois où l'espèce a été rencontrée lors du recensement.

La contribution spécifique d'une espèce (i) **CSi** est définie comme le rapport de

FSi à la somme des FSi de toutes les espèces (n) recensées sur 100 points échantillonnés et traduit la participation de l'espèce à l'encombrement végétal aérien.

Sa formule est :

$$CS_i = \frac{FS_i}{\sum_{i=1}^{n} FS_i} \times 100$$

i = espèce considérée

n = nombre total des espèces recensées

Pour l'appréciation de la structure de la strate herbacée, une classification en «forme biologique» a été adoptée à l'instar de Zoungrana (1991). Elle répond à une utilisation pastorale de la végétation. La distinction est faite entre :

- *les graminées* : annuelles (Ga) et vivaces (Gv) ; elles constituent la catégorie fourragère la plus importante des savanes des régions tropicales.

- *les diverses autres espèces* (Au) : qui sont regroupées sous le nom de phorbes «espèces herbacées autres que les graminées» (Hoffmann, 1985).

2. Résultats et discussion

A l'installation des dispositifs en 1992, il a été recensé 137 et 85 espèces herbacées respectivement sur les dispositifs de Tiogo et de Laba (Tableau VIII).

En termes de nombre d'espèces, les phorbes sont les plus abondantes sur les deux dispositifs. Les Poaceae vivaces sont les moins représentées avec respectivement 10 et 7 espèces à Tiogo et à Laba. Par contre, ces dernières contribuent le plus à la réalisation du couvert végétal avec des contributions spécifiques de 43 % et 30 % à Tiogo et Laba respectivement. Les Poaceae, en général, contribuent pour plus de 70 % à la couverture herbacée dans les deux sites. Parmi les Poaceae vivaces, *Andropogon ascinodis* est plus abondante à Laba tandis que *A. gayanus* est plus représentée à Tiogo. *Diheteropogon amplectens* n'est présente qu'à Tiogo, tandis que la Poaceae annuelle *Diheteropogon hagerupii* n'est recensée que sur le dispositif de Laba.

Tableau VIII : Richesse spécifique et contributions spécifiques des principales espèces herbacées des dispositifs de Tiogo et de Laba.

Dispositifs

Forme Biologique	Laba			Tiogo		
	Nbre espèces	CS (%)	Principales espèces	Nbre espèces	CS (%)	Principales espèces
Poaceae annuelles	17	41	*Andropogon pseudapricus* *Loudetia togoensis* *Diheteropogon hagerupii*	32	35	*Andropogon pseudapricus* *Loudetia togoensis* *Pennisetum pedicellatum*
Poaceae vivaces	07	30	*Andropogon ascinodis* *Andropogon gayanus*	10	43	*Andropogon gayanus* *Diheteropogon amplectens* *Andropogon ascinodis*
Phorbes et Cyperacées	61	29	*Borreria stachydea* *Cochlospermum planchoni* *Wissadula amplissima*	96	22	*Wissadula amplissima, Borreria stachydea* *Cassia mimosoides*
Total	85	100		137	100	

Le dispositif de Tiogo possède une plus grande richesse spécifique comparé à celui de Laba. La différence du substrat édaphique pourrait bien expliquer cette disparité en matière de

74

richesse spécifique entre les deux dispositifs. En effet, le dispositif de Tiogo comportant des sols profonds limono-argileux est plus favorable au développement d'un plus grand nombre d'espèces herbacées que ceux de Laba qui sont superficiels et gravillonnaires.

Le dispositif de Tiogo comporte près de 80 % des espèces herbacées recensées sur l'ensemble de la forêt classée de Tiogo. En effet, Savadogo (2002) a recensé 172 espèces herbacées dans les différents groupements végétaux de cette forêt classée. L'abondance relative des Poaceae annuelles et vivaces aura des implications sur l'intensité des feux et celui de la pâture. En effet, les espèces vivaces telles que *Andropogon gayanus, A. ascinodis* et *Diheteropogon amplectens* sont les plus grandes productrices de biomasse et sont très appétées.

Elles ont un cycle relativement plus long car leur dessiccation complète n'intervient qu'en mi-décembre soit plus d'un mois après l'arrêt des pluies. Par contre, les espèces annuelles comme *Loudetia togoensis, Andropogon pseudapricus* et *Pennisetum pedicellatum* produisent relativement moins de biomasse et ont un cycle plus court. Elles sont peu appétées notamment en fin de cycle. La dessiccation complète de *Loudetia togoensis* intervient dès mi-octobre avant la fin de la saison pluvieuse. Par conséquent, un feu qui intervient en fin de saison pluvieuse (feu précoce) aura une plus grande efficacité de brûlage dans une végétation à Poaceae annuelle que dans celle à Poaceae vivaces. Les deux formes biologiques coexistent dans la savane soudanienne si bien qu'il n'est pas aisé de fixer une date unique pour l'application des feux précoces dans ces formations végétales.

B. Biomasse aérienne herbacée

1. Méthode d'étude

A l'instar de l'inventaire, la biomasse herbacée est évaluée chaque année par la méthode dite de la "coupe intégrale" à la période de biomasse optimale. Cette période se situe entre fin septembre et début octobre pour nos sites. Ainsi, chaque année, sur chaque parcelle, les herbacés sont fauchés sur six (6) carrés de 1 m^2 le long de la ligne de flore pour l'estimation de la biomasse épigée. Des dispositions sont prises pour éviter de couper sur les mêmes carrés les années consécutives. Un tri manuel des espèces est effectué au niveau de chaque carré et chaque espèce est pesée. Pour chaque espèce, deux échantillons sont prélevés pour la détermination de la matière sèche à l'étuve et pour des analyses bromatologiques au laboratoire. L'inventaire floristique et l'évaluation de la biomasse épigée réalisés chaque année permettent d'estimer l'influence des différents traitements (feu précoce, coupe sélective et pâture) sur la richesse spécifique et la production des herbacées.

2. Résultats

La biomasse herbacée a connu une grande fluctuation interannuelle durant la période d'étude sur les deux sites (Tableau IX).

Tableau IX : Biomasse épigée (tMS/ha) des différentes formes biologiques de la strate herbacée des dispositifs de Laba et de Tiogo de 1993 à 2001.

	Dispositifs							
	Laba				Tiogo			
Années	Herba-cées annuel-les	Herba-cées viva-ces	Phor-bes	**Biom-asse Totale**	Herba-cées annuel-les	Herba-cées viva-ces	Phor-bes	**Biom-asse Totale**
1993	1,25	1,00	0,43	**2,68**	2,91	2,28	0,27	**5,46**
1994	2,22	1,82	0,75	**4,79**	3,15	2,96	0,41	**6,52**
1995	2,35	1,49	0,73	**4,57**	1,27	3,02	0,16	**4,46**
1996	2,61	1,94	0,40	**4,95**	1,03	2,57	0,25	**3,85**
1997	1,81	3,22	0,06	**5,09**	0,95	3,14	0,15	**4,24**
1998	0,90	1,88	0,08	**2,86**	1,20	2,98	0,20	**4,38**
1999	0,97	1,55	0,07	**2,60**	0,30	1,39	0,00	**1,69**
2000	0,85	1,08	0,14	**2,08**	0,46	1,55	0,07	**2,08**
2001	0,44	0,89	0,24	**1,57**	1,28	1,69	0,41	**3,38**
Moy. ±	1,49	1,65	0,32	**3,47**	1,39	2,40	0,22	**4,01**
SE	±0,78	±0,71	±0,27	**±1,37**	±0,99	±0,69	±0,14	**±1,51**

Moy. = Moyenne de la période d'étude. SE = Erreur Standard

A Tiogo, la plus grande biomasse enregistrée en 1994 a presque quadruplé celle de 1999. A Laba la biomasse totale herbacée de 1997 a été le triple de celle de 2001. Le site de Tiogo est le plus productif avec une biomasse moyenne annuelle de 4,01 ± 1,5 tMS/ha contre 3,47 ± 1,37 tMS/ha enregistrées à Laba. Dans tous les deux sites, les Poaceae vivaces sont les plus productives avec une biomasse moyenne annuelle de 2,40 ± 0,69 tMS/ha à Tiogo contre 1,65 ± 0,71 tMS/ha à Laba. Les phorbes enregistrent les plus faibles productions avec des biomasses moyennes de 0,22 ± 0,14 tMS/ha et 0,32 ± 0,27 tMS/ha à Tiogo et Laba respectivement. Sur les deux sites, les quatre Poaceae (*Andropogon gayanus, A. ascinodis, A. pseudapricus* et *Loudetia togoensis*) contribuent à elles seules pour l'essentiel de la biomasse totale herbacée (52 % et 68 % à Laba et Tiogo respectivement).

3. Discussion

Sur les 85 et 137 espèces herbacées que comptent respectivement les sites de Laba et de Tiogo, seulement quatre (04) Poaceae (2 vivaces et 2 annuelles) dominent la strate herbacée sur les plans physionomique et production de biomasse. Ces espèces caractérisent la végétation herbacée de la zone nord-soudanienne (Zoungrana, 1991 ; Sawadogo, 1996 ; Savadogo, 2002 ; Ouédraogo, 2004 ; Dayamba, 2005).

La suprématie en terme de production de biomasse du site de Tiogo par rapport à celui de Laba pourrait être en partie attribuable à la

78

différence de type de sols et à la grande variabilité intra- et inter-annuelle de la pluviométrie des deux sites. En effet, les profonds sols du dispositif de Tiogo sont plus favorables aux Poaceae vivaces comme *A. gayanus* et *Diheteropogon amplectens* qui sont de plus grandes productrices de biomasse comparativement aux espèces annuelles abondantes sur les sols superficiels du site de Laba.

La texture du sol est aussi un élément déterminant dans la production herbacée. En année de déficit pluviométrique, les sols sablonneux sont plus productifs que ceux argileux alors que le contraire est observé en année de pluviométrie excédentaire (Frost *et al.*, 1986 ; Fournier, 1991 ; Seghieri *et al.*, 1994). En effet, selon ces auteurs, en période de déficit pluviométrique l'eau dans les sols argileux est moins disponible pour les plantes que dans les sols sableux. En zone aride, le risque d'une grande variation inter-annuelle de la production herbacée est alors plus accentué sur les sols argileux que sur les sols sablonneux (Dye *et al.*, 1982). Cela pourrait expliquer en partie la suprématie de production de biomasse durant certaines années du site limono-sableux de Laba par rapport à celui limono-argileux de Tiogo.

L'eau constitue le facteur le plus limitant pour la production végétale dans les zones arides. De nombreux auteurs soulignent l'étroite dépendance entre la productivité primaire de la végétation naturelle et la pluviosité (hauteur d'eau tombée et distribution intra-annuelle) (Barne et McNeill, 1978 ; Lehouerou *et al.*, 1988). Cela est particulièrement vrai pour la biomasse herbacée où des variations de production de plus de 500 % ont été observées sur des années consécutives. Dans cette étude nous avons trouvé une corrélation positive de seulement 38 % entre la biomasse annuelle et la hauteur d'eau tombée totale annuelle. La corrélation est légèrement améliorée en prenant en compte la pluviométrie journalière. D'autres facteurs tels que les variations inter-annuelles de l'intensité des feux de brousse et de la pression pastorale influent sur la production de biomasse herbacée et la composition floristique en savane soudanienne.

Il s'avère alors difficile de faire des prévisions fiables pour une utilisation rationnelle des pâturages en se basant sur la production annuelle herbacée dont la fluctuation interannuelle est très aléatoire. C'est pourquoi Scoones (1995) préconise une utilisation opportuniste des ressources fourragères en zone aride plutôt que de se baser sur des calculs de capacités de charge.

Les dispositifs expérimentaux de Laba et de Tiogo présentent des caractéristiques de sols et de végétations différentes. Ils sont représentatifs des principaux types de végétation rencontrés dans la zone soudanienne. Les effets des facteurs anthropiques (feu précoce, coupe sélective de bois, pâture) enregistrés sur ces dispositifs pourront alors être applicables à l'ensemble de la zone soudanienne.

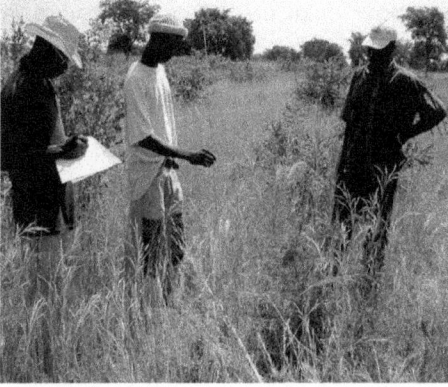

Photo 1 : Inventaire des herbacés par la méthode des points quadrats alignés.

Photo 2 : Evaluation de la biomasse herbacée par la coupe intégrale par carré de $1m^2$

CONCLUSION PARTIELLE

Les méthodes classiques d'inventaire de la végétation ont été appliquées à la végétation des deux dispositifs. Il s'agit du recensement exhaustif en ce qui concerne les ligneux et de la méthode des points quadrats alignés pour la strate herbacée. L'unité d'échantillonnage est la parcelle de 50m x 50 m. Ainsi une flore riche de 88 espèces ligneuses et de 137 espèces herbacées ont été recensées sur les deux dispositifs. La coupe sélective de bois a permis d'estimer la production en bois des deux dispositifs. En termes de production ligneuse, le dispositif de Laba est le plus productif avec 2 tonnes de bois contre 1,4 tonne pour celui de Tiogo. Par contre la production herbacée a été la plus importante à Tiogo avec une production moyenne de 4 tMS/ha contre 3, 5 tMS/ha à Laba. La coupe de bois a permis de construire des tarifs de cubage avec de bonnes précisions pour 11 des principales espèces de bois-énergie. Les inventaires ligneux et herbacés ainsi que la mesure des paramètres de production dès l'installation des dispositifs constituent un point de départ permettant l'estimation de l'influence des traitements sylvicoles dans le temps sur la dynamique de la végétation.

CHAPITRE V : INFLUENCE DES TRAITEMENTS SYLVICOLES SUR LA DYNAMIQUE DE LA VEGETATION ET SUR LE SOL DANS LES DISPOSITIFS EXPERIMENTAUX DE LABA ET DE TIOGO.

La régénération ligneuse (plantules, arbustes, rejets de souches et drageons) et la strate herbacée constitue les franges les plus abondantes de la végétation des savanes soudaniennes et les plus sensibles aux facteurs anthropiques et climatiques. L'étude de l'influence des facteurs anthropiques sur la dynamique de ces composantes ainsi que sur le sol permettra une meilleure connaissance de la biologie et de l'écologie de ces écosystèmes en vue de leur aménagement durable.

I. INFLUENCE DE LA PATURE, DU FEU PRÉCOCE ET DE LA COUPE SÉLECTIVE DE BOIS SUR LA POPULATION DES JEUNES INDIVIDUS LIGNEUX

1. Méthode d'étude

L'objectif de cette étude est d'apprécier, sur le long terme, l'action de ces facteurs anthropiques sur le recrutement et l'architecture végétale des jeunes ligneux. Compte tenu de la méconnaissance de l'âge précis des individus ligneux dans les végétations naturelles des savanes soudaniennes, des critères ont été définis pour caractériser les catégories d'âge des ligneux dans la zone d'étude. Ainsi, sont considérés comme « jeunes ligneux », les individus dont la circonférence à hauteur de poitrine (CHP) (c.-à-d. à 130 cm) est inférieure à 10 cm à l'exclusion des plantules. Est considéré comme plantule tout individu de moins de 10 cm de circonférence à la base et ayant moins de 150 cm de hauteur. Cette définition permet de prendre en considération les espèces ayant un port buissonnant. La figure 9 illustre les critères de définition des différentes catégories d'âge des ligneux.

En considérant l'architecture végétale, un individu est considéré comme multicaule s'il possède plusieurs tiges dont au moins une d'entre elles remplit les critères sus-mentionnés. Il est monocaule s'il est constitué d'une seule tige. Il n'a pas été possible de différencier la provenance des jeunes ligneux (plantule, drageon, ou rejet de souche). L'architecture végétale peut donner des indications sur le degré de perturbation de la végétation. En effet, en zones arides, les ligneux ont tendance à développer un port buissonnant avec de nombreux brins en réaction à des perturbations récurrentes tels que les sécheresses, les feux de brousses, le broutage, la coupe de bois, etc.

La période prise en compte pour cette étude est de 10 ans (1992 à 2002). En effet, les données pour les analyses sont extraites de la base de données des inventaires généraux des ligneux des deux dispositifs de 1992 (avant le début des traitements) et de 2002. Les analyses statistiques sont faites en se basant sur les valeurs moyennes de chaque groupe de parcelles recevant le même traitement.

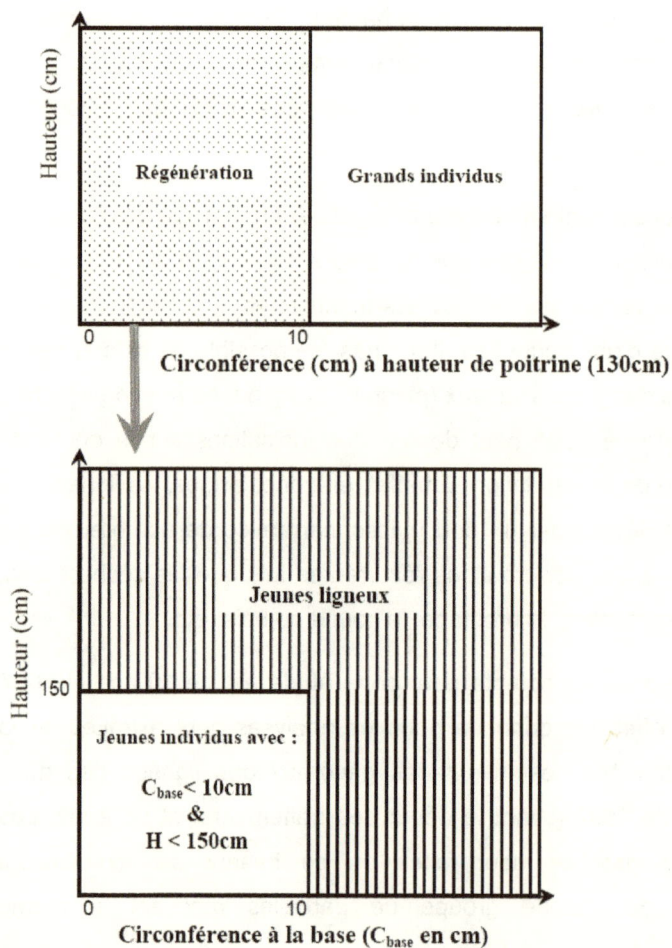

Figure 9 : Schéma des critères définissant les différentes catégories d'individus ligneux.

Les paramètres calculés sont :

- L'accroissement relatif de la richesse spécifique calculé selon la formule suivante :

$$R = \left[\frac{(R_{02} - R_{92})}{R_{92}} \right] \times 100$$

R est l'accroissement relatif de la richesse spécifique sur la période d'étude.

R_{92} et R_{02} sont respectivement les richesses spécifiques enregistrées lors des inventaires de 1992 et de 2002.

- Le taux annuel d'accroissement de la densité de la population des jeunes arbres (r) est obtenu en considérant leurs densités enregistrées lors des deux inventaires (1992 et 2002). Il est calculé en utilisant le modèle standard de croissance logarithmique (Lieberman and Liberman, 1987 ; Condit *et al.*, 1996 ; Gonzales-Rivas, 2005) :

$$r = \frac{\ln N_{02} - \ln N_{92}}{\Delta t}$$

r est l'accroissement annuelle de la densité de la population, ln est le log népérien, N_{92} et N_{02} sont les densités des jeunes arbres enregistrées lors des inventaires de 1992 et 2002. Δt est l'intervalle de temps entre les deux inventaires.

Avant de calculer r nous avons ajouté 1 à la densité de chaque espèce afin de prendre en compte les situations d'absence (densité = 0) de certaines espèces dans certaines parcelles (Tabachnic and Fidell, 1996).

Les individus sont regroupés en 3 classes de hauteur de 200 cm d'intervalle : <200 cm, 200-400 cm, ≥400 cm. Le taux d'accroissement annuel de la densité de la population est calculé pour les deux premières classes de hauteur seulement, la dernière classe ne représentant que moins de 7 % des jeunes arbres.

- La hauteur dominante est calculée par parcelle comme la moyenne arithmétique des 100 individus les plus hauts par ha (West, 2004).
- L'accroissement annuel courant (AAC) de la hauteur dominante est calculé pour la période de l'étude.

- La surface terrière à la base et son accroissement annuel courant (AAC) sont calculés par parcelle.

Les différents paramètres sont soumis à des analyses de variances selon le modèle linéaire général (GLM) suivant :

$$Y_{ijkl} = \mu + \beta_i + G_j + F_k + C_l + \beta G_{ij} + GF_{jk} + GC_{jl} + FC_{kl} + GFC_{jkl} + e_{ijkl}$$

où Y_{ijk} est la variable explicative, μ est la moyenne générale, β_i est l'effet bloc i, G_j est l'effet de la pâture j, F_k est l'effet du feu k, C_l est l'effet de la coupe l. Les paramètres G_j, F_k et C_l et leurs interactions ont été considérés comme fixes et le paramètre ßi comme aléatoire ; e_{ijkl} est l'erreur de mesure.

Les données sur l'accroissement relatif de la richesse spécifique ont subi une transformation arcsinus afin de respecter les critères de normalité pour l'analyse de variance. Les différences entre traitements sont appréciées au seuil de 5 % (Zar, 1996). Les analyses statistiques sont faites à l'aide de SPSS 14 (Copyright SPSS for Windows, Release 2005).

2. Résultats

2.1. Evolution de la richesse spécifique et de l'abondance des espèces

a) Effets du temps sur la richesse spécifique et la densité

Entre 1992 et 2002, le nombre d'espèces de la classe des jeunes ligneux est passé de 43 à 59 à Laba et de 49 à 64 à Tiogo sur l'ensemble des parcelles des deux dispositifs (Tableau X). Dans l'intervalle des 10 années, la classe de jeunes ligneux s'est enrichie de 19 espèces à Laba et de 16 espèces à Tiogo. Par contre trois (03) espèces (*Lannea microcarpa, Combretum micranthum* et *Gardenia erubescens* Stapf. & Thonn.) ont disparu de cette classe à Laba contre seulement une (01) espèce (*Grewia venusta* Fresen.) à Tiogo. Des jeunes ligneux de certaines espèces, présents sur l'un des sites, ont été absents sur l'autre durant toute la période de l'étude. Les espèces présentes à Tiogo mais absentes à Laba, sont : *Albizia chevalieri* Harms., *Vitex simplicifolia* Oliv., *Mitragyna inermis*, *Terminalia macroptera*, *Pseudocedrela kotschyii* (Schweinf.) Harms, *Acacia seyal*, *Boswellia dalzielli* Hutch., *Combretum glutinosum*, *Gardenia sokotensis* Hutch., *Grewia flavescens* Juss., *Guiera senegalensis* J.F Gmel., *Piliostigma reticulatum* (DC.) Hoechst., *Ximenia americana* Linn.

Les espèces présentes à Laba mais absentes à Tiogo sont : *Albizia malacophylla* (A. Rich.) Walp., *Khaya senegalensis* (Desr.) A. Juss., *Burkea africana, Acacia polyacantha* Brenan, *Combretum molle* Engl. & Diels, *Heeria insignis* (Del.) O.Kze, *Pericopsis laxiflora* (Benth.) Van Meeuwen, *Strychnos innocua* Del., *Strychnos spinosa* Lam., *Ziziphus mucronata* Willd..

La densité moyenne des nouvelles espèces apparues dans la classe des jeunes ligneux est de 1 à 10 individus/ha sur les 10 années de l'étude. Parmi celles-ci, *Acacia dudgeoni* a enregistré la plus grande densité à Tiogo en passant de 0 à 10 pieds/ha entre 1992 et 2002. Elle est suivie par *Allophyllus africanus* P. Beauv., qui apparait dans la classe des jeunes ligneux sur les deux dispositifs avec des densités de 7 à 8 pieds/ha en 2002.

Le temps a plus influencé la densité des individus de chaque espèce de la classe des jeunes ligneux que leur richesse spécifique. En effet, sur l'un ou l'autre des deux dispositifs, les densités de la population de cette classe ont été multipliées par plus de 5 dans l'intervalle de temps de l'étude pour certaines espèces : Il s'agit d'*Acacia dudgeoni, Bombax costatum* Pellegr. & Vullet, *Terminalia avicennioides, Anogeissus leiocarpus, Feretia apodanthera* Del.. On observe une forte progression d'espèces envahissantes telles que *Dicrostachys cinerea* (Linn.) Wight. & Arn. et *Acacia erythrocalyx* Brenan. La densité des jeunes ligneux du principal bois de feu, *Detarium microcarpum* est resté quasi-stable durant les 10 ans de l'étude. Par contre, celle de certaines espèces a connu une diminution dans l'intervalle de la période d'étude. Il s'agit de *Terminalia laxiflora* Engl. et *Cassia singueana* Del. sur les deux sites et *Piliostigma thonningii* à Tiogo.

Tableau X : Composition floristique, types biologiques et abondance (nombre moyen d'individus /ha) en 1992 et 2002 à Laba et Tiogo. Les espèces sont regroupées par type d'utilisation selon Nouvellet *et al.* (1995) et Sawadogo *et al.* (2002).

Espèces	Laba		Tiogo	
	1992	2002	1992	2002
Espèces protégées				
Albizia chevalieri	-	-	2	3
Albizia malacophylla	-	2	-	-
Balanites aegyptiaca	4	6	3	5
Bombax costatum	3	16	-	2
Khaya senegalensis	-	1	-	-
Lannea acida	2	6	5	12
Lannea microcarpa	1	-	-	1
Lannea velutina	2	6	1	2
Parkia biglobosa	-	1	-	2
Prosopis africana	-	1	1	3
Pterocarpus erinaceus	1	1	2	3
Saba senegalensis	1	1	1	1
Sclerocarya birrea	1	3	3	8
Sterculia setigera	-	1	1	1
Stereospermum kunthianum	1	3	1	7
Tamarindus indica	1	4	2	6
Vitellaria paradoxa	3	11	8	19
Vitex doniana	-	-	1	1

92

Tableau X (suite)

Espèces	Laba		Tiogo	
	1992	2002	1992	2002
Bois de service et de feu				
Mitragyna inermis	-	-	1	1
Burkea africana	4	9	-	-
Terminalia laxiflora	2	1	7	1
Terminalia avicennioides	1	12	5	13
Terminalia macroptera	-	-	7	18
Xeroderryx stulhmannii	-	2	-	1
Acacia polyacantha	-	1	-	-
Anogeissus leiocarpus	13	66	31	79
Combretum nigricans	8	19	16	30
Crossopteryx febrifuga	7	20	2	3
Detarium microcarpum	109	147	7	12
Diospyros mespiliformis	1	3	2	4
Pseudocedrela kotschyi	-	-	1	1
Ziziphus mauritiana	-	1	-	1
Bois de feu et autres				
Acacia dudgeoni	3	21	-	10
Acacia erythrocalyx	11	60	16	22
Acacia macrostachya	39	52	28	62
Acacia seyal	-	-	1	1

Tableau X (suite)

Espèces	Laba		Tiogo	
	1992	2002	1992	2002
Bois de feu et autres				
Allophyllus africanus	-	7	-	8
Annona senegalensis	52	106	11	16
Baissea multiflora	-	2	-	2
Boscia senegalensis	-	-	-	-
Boswellia dalzielli	-	-	1	2
Bridelia ferruginea	1	2	-	1
Cadaba farinosa	-	2	-	3
Capparis sepiaria	3	12	12	25
Cassia sieberiana	-	1	1	3
Cassia singueana	2	1	2	1
Combretum fragrans	29	43	9	10
Combretum glutinosum	-	-	5	12
Combretum micranthum	1	-	35	82
Combretum molle	8	9	-	-
Dichrostachys cinerea	11	47	11	63
Entada africana	2	4	29	37
Feretia apodanthera	6	33	42	116
Gardenia erubescens	1	-	-	1
Gardenia sokotensis	-	-	-	2

94

Tableau X (suite)

Espèces	Laba		Tiogo	
	1992	2002	1992	2002
Bois de feu et autres				
Grewia bicolor	7	20	11	26
Grewia flavescens	-	-	5	24
Grewia venusta	-	1	1	-
Grewia lasiodicus	12	39	6	11
Guiera senegalensis	-	-	2	11
Heeria insignis	-	1	-	-
Holarrhena floribunda	-	1	-	1
Hymenocardia acida	-	2	-	1
Maerua angolensis	-	2	1	3
Maytenus senegalensis	1	2	-	1
Opilia celtidifolia	-	2	-	2
Pericopsis laxiflora	1	3	-	-
Piliostigma thonningii	12	18	10	7
Pteleopsis suberosa	7	13	2	3
Securinega virosa	8	42	8	13
Strychnos innocua	-	4	-	-
Strychnos spinosa	12	55	-	-
Ximenia americana	-	-	18	54
Ziziphus mucronata	1	1	-	-

b) Effets des traitements sylvicoles sur la richesse spécifique et la densité des jeunes ligneux

La richesse spécifique des jeunes ligneux a augmenté de 1992 à 2002 bien que l'augmentation n'ait pas été statistiquement significative pour tous les traitements. En effet, au cours de la décennie, le nombre moyen d'espèces de la classe de jeunes ligneux par traitement est passé de 18 à 27 à Laba et de 21 à 29 à Tiogo (Tableau XI).

Tableau XI : Effet de la pâture, du feu précoce et de la coupe de bois sur l'évolution de la richesse spécifique des jeunes ligneux à Tiogo et Laba sur une décade (1992 à 2002).

Traitements	Nombre d'espèces (± Erreur Standard) à Laba			Nombre d'espèces (± Erreur Standard) à Tiogo		
	1992	2002	Variation (%)	1992	2002	Variation (%)
Pâture	17 ± 1	26 ± 2	58,2 ± 12,0	21 ± 1	28 ± 2	34,6 ± 09,8
Pas de Pâture	18 ± 1	28 ± 2	58,8 ± 12,0	20 ± 1	30 ± 1	49,2 ± 08,3
Valeur p			0,058			0,646
Feu précoce	18 ± 1	22 ± 2	26,7 ± 08,2	21 ± 1	26 ±1	23,8± 06,8
Pas de feu	17 ± 1	32 ± 1	90,4 ± 09,4	21 ± 1	32 ± 1	60,0 ± 09,1
Valeur p			**0,037**			**0,016**
Coupe	17 ± 1	25 ± 2	58,1 ± 11,7	21 ± 1	28 ± 1	38,8 ± 08,6
Pas de coupe	18 ± 1	28 ± 2	58,9 ± 12,4	21 ± 1	29 ± 2	45,0 ± 09,8
Valeur p			0,636			0,727

De tous les traitements, seul le feu précoce annuel a eu un effet dépressif statistiquement significatif au seuil de 5 % sur l'accroissement annuel de la richesse spécifique des jeunes ligneux à Laba (p=0.037) et à Tiogo (p=0,016). Ainsi, durant la décennie d'application annuelle du feu précoce, l'accroissement annuel de la richesse spécifique a été multiplié par 3,4 à Laba et 2,5 à Tiogo sur les parcelles protégées du feu comparativement à celles brûlées annuellement. Les effets d'interactions de premier et second ordres entre pâturage, feu et coupe sélective n'ont pas influencé significativement la richesse spécifique des jeunes ligneux.

2.2. Effet des traitements sylvicoles sur l'architecture des jeunes ligneux

Sur les deux sites, la densité totale de la population des jeunes ligneux a augmenté dans tous les traitements durant la décennie d'étude (Tableaux XIIa, XIIb et XIIc).

Tableau XIIa : Effets principaux de la pâture sur le taux d'accroissement annuel de la population (r %) des jeunes ligneux (Nombre d'individus/ha) à Laba et Tiogo sur une décade (1992-2002).

Sites	Paramètres	Traitements		
		Pâture	Pas de Pâture	Valeur p
LABA	Multicaules 1992	212 ± 24	175 ± 20	
	Multicaules 2002	509 ± 60	480 ± 40	
	r	8,9 ± 1,3	10,5 ± 1,0	0,431
	Monocaules 1992	208 ± 39	210 ± 27	
	Monocaules 2002	385 ± 73	517 ± 114	
	r	5,1 ± 3,0	6,5 ± 2,6	0,363
	Densité totale 1992	420 ± 57	385 ± 40	
	Densité totale 2002	893 ± 122	997 ± 142	
	r	7.5 ± 1.8	9,0 ± 1,4	0,301
TIOGO	Multicaules 1992	162 ± 28	221 ± 38	
	Multicaules 2002	463 ± 63	464 ± 71	
	r	11,1 ± 1,4	7,9 ± 0,9	0.087
	Monocaules 1992	191 ± 31	177 ± 27	
	Monocaules 2002	357 ± 62	476 ± 108	
	r	4,8 ± 1,8	8,8 ± 1,6	0,014
	Densité totale 1992	353 ± 53	398 ± 58	
	Densité totale 2002	819 ± 118	940 ± 167	
	r	8,3 ± 1,0	8,6 ± 1,0	0,639

Tableau XIIb : Effets principaux du feu précoce sur le taux d'accroissement annuel de la population (r %) des jeunes ligneux (Nombre d'individus/ha) à Laba et Tiogo sur une décade (1992-2002).

Sites	Paramètres	Traitements		
		Feu	Pas de feu	Valeur p
LABA	Multicaules 1992	212 ± 26	175 ± 19	
	Multicaules 2002	439 ± 56	550 ± 43	
	r	7.4 ± 1.1	12.0 ± 1.0	0,005
	Monocaules 1992	237 ± 35	182 ± 30	
	Monocaules 2002	206 ± 50	696 ± 92	
	r	- 2,5 ± 2,3	14,1 ± 1,0	<0,001
	Densité totale 1992	449 ± 54	357 ± 41	
	Densité totale 2002	645 ± 100	1246 ± 115	
	r	3,6 ± 1,3	12,9 ± 0,9	<0,001
TIOGO	Multicaules 1992	194 ± 36	188 ± 33	
	Multicaules 2002	477 ± 56	450 ± 77	
	r	9,8 ± 1,4	9,3 ± 1,1	0,781
	Monocaules 1992	193 ± 31	175 ± 26	
	Monocaules 2002	258 ± 46	574 ± 103	
	r	2,3 ± 1,5	11,2 ± 1,3	<0,001
	Densité totale 1992	387 ± 54	363 ± 57	
	Densité totale 2002	735 ± 98	1024 ± 172	
	r	6,4 ± 0,0	10,5 ± 0,7	0,003

Tableau XIIc : Effet principaux de la coupe de bois sur le taux d'accroissement annuel de la population (r %) des jeunes ligneux (Nombre d'individus/ha) à Laba et Tiogo sur une décade (1992-2002).

Sites	Paramètres	Traitements		
		Coupe	Pas coupe	Valeur p
LABA	Multicaules 1992	190 ± 25	197 ± 20	
	Multicaules 2002	472 ± 46	516 ± 56	
	r	9,8 ± 1,4	9,5 ± 0,9	0,864
	Monocaules 1992	189 ± 31	230 ± 35	
	Monocaules 2002	423 ± 110	479 ± 82	
	r	6,2 ± 2,9	5,4 ± 2,6	0,778
	Densité totale 1992	379 ± 51	427 ± 47	
	Densité totale 2002	896 ± 139	995 ± 125	
	r	8,6 ± 1,8	7,9 ± 1,5	0,721
TIOGO	Multicaules 1992	203 ± 32	180 ± 36	
	Multicaules 2002	484 ± 72	443 ± 62	
	r	9,4 ± 1,1	9,6 ± 1,4	0,902
	Monocaules 1992	180 ± 27	188 ± 31	
	Monocaules 2002	387 ± 114	445 ± 54	
	r	5,0 ±1,7	8,5 ± 1,8	
	Densité totale 1992	383 ± 56	368 ± 55	
	Densité totale 2002	871 ± 180	888 ± 99	
	r	7,8 ± 1,0	9,1 ± 1,0	0,293

De tous les traitements, seul le feu précoce a influencé très significativement le taux d'accroissement de la densité totale (p<0,003). L'influence du feu précoce a été plus remarquable à Laba où le taux d'accroissement de la densité totale des jeunes ligneux a plus que triplé en 10 ans en l'absence de feu (Tableau XIIIb).

En considérant l'architecture des individus, le feu a eu un effet très significatif sur la population de toutes les catégories d'individus (p<0,005) sauf à Tiogo où son influence n'a pas été significative sur le taux d'accroissement des individus multicaules. L'effet le plus remarquable a été observé à Laba où le feu précoce a induit un taux d'accroissement négatif (-2,5%) des individus monocaules. A Tiogo le taux d'accroissement des monocaules a diminué de près de 5 fois dans les parcelles brûlées annuellement par rapport à celles protégées du feu (Tableau XIIIb).

L'effet de la pâture n'a été significatif que sur la population des individus monocaules à Tiogo (p=0,014) où l'absence de la pâture a induit un taux d'accroissement plus élevé de cette catégorie (Tableau XIIIa). Le taux d'accroissement des individus multicaules a eu tendance à être plus élevé dans les parcelles pâturées sur le même site (p=0,087).

La coupe sélective de bois n'a pas influencé significativement le taux d'accroissement de la densité des jeunes ligneux. Néanmoins, elle a eu tendance à réduire le taux d'accroissement des individus monocaules à Tiogo (p=0,084) (Tableau XIIIc).

Sur les deux sites, les différents traitements (pâture, feu précoce, coupe sélective de bois) et leurs combinaisons ont eu des effets disparates sur les densités des populations des jeunes ligneux des principales espèces que sont *Annona senegalensis, Combretum fragrans, Detarium microcarpum* à Laba et *Acacia macrostachya, Entada africana* à Tiogo. (Figure 10).

Par exemple, la protection intégrale et la pâture ont induit les taux d'accroissement les plus élevés des jeunes ligneux d'*Acacia macrostachya*. La combinaison des trois traitements (Feu+coupe+pâture) a été le plus favorable pour *Combretum fragrans*.

Le feu précoce a réduit significativement le taux d'accroissement des jeunes ligneux de *Detarium microcarpum* ($p<0,001$) et d'*Annona senegalensis* ($p=0,001$). Bien que les effets des autres traitements n'aient pas été significatifs, nous observons des taux d'accroissement négatifs de la population des jeunes ligneux de *Detarium microcarpum* avec les combinaisons feu+pâture et feu+coupe+pâture. Il en est de même pour *Entada africana* avec la protection intégrale, la coupe et la pâture. Les combinaisons des différents traitements ont été les plus favorables pour cette dernière espèce.

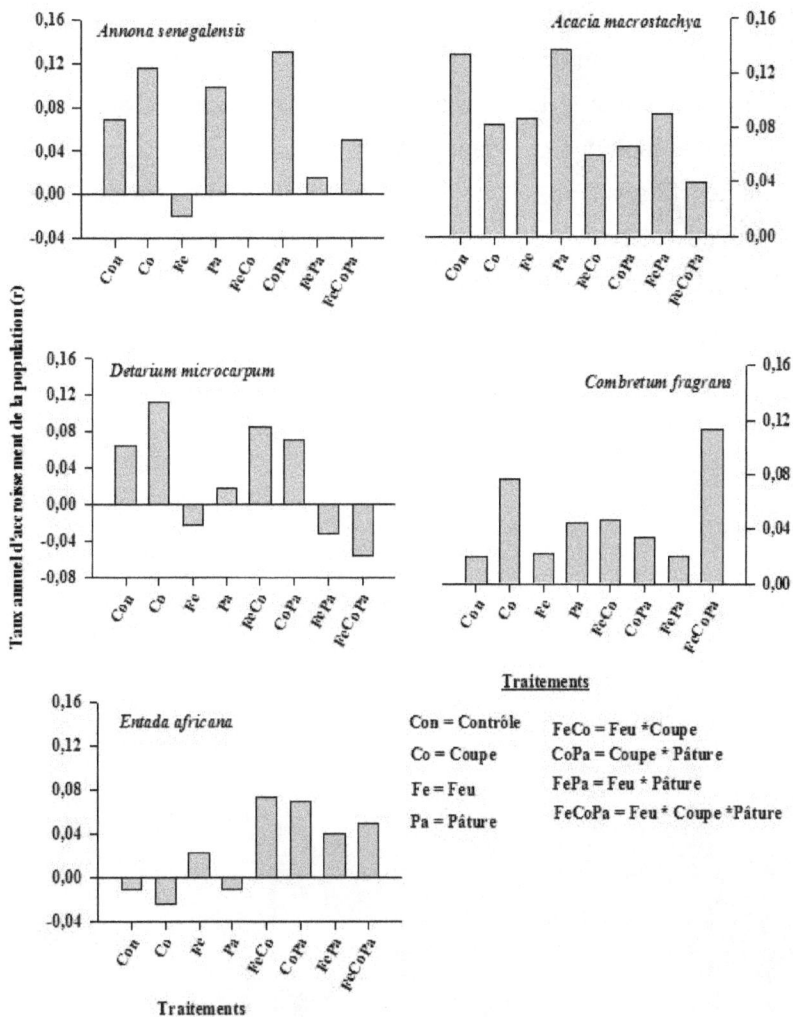

Figure 10 : Taux annuel d'accroissement de la densité des jeunes ligneux des principales espèces selon le type de traitements.

103

2.3. Structure verticale des jeunes ligneux

Il y a une similitude dans la distribution des classes de hauteur des jeunes ligneux à Laba et à Tiogo avec une augmentation de la densité des individus de chaque classe dans tous les traitements au cours des 10 ans (Fig 11A et 11B). Les deux premières classes (<200 cm et 200-400 cm) représentent à elles seules 97 à 98 % des jeunes arbres à Laba et 93 à 94 % à Tiogo.

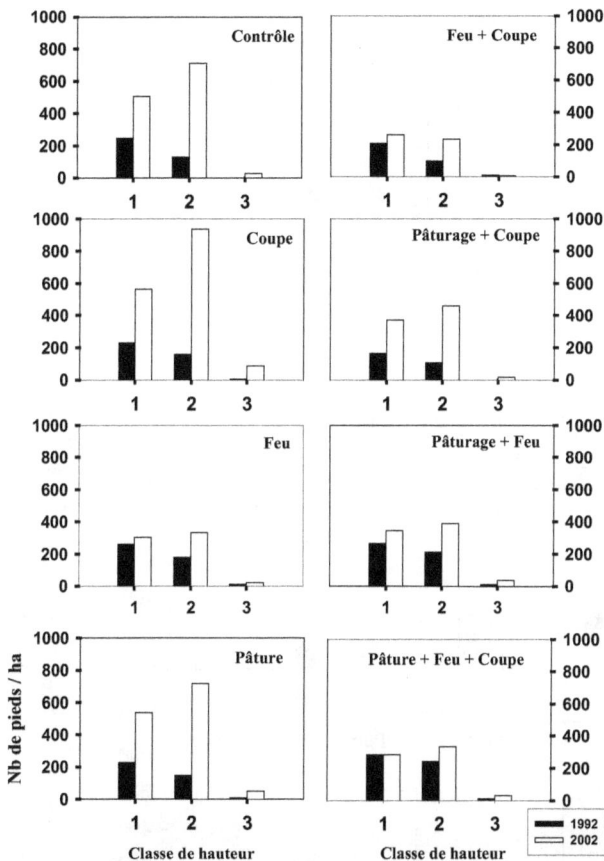

Figure 11 A : Répartition des jeunes ligneux par classes de hauteur (1 = <200cm ; 2 = 200-400cm ; 3 = ≥400cm) selon le type de traitements dans la forêt classée de Laba en 1992 et en 2002.

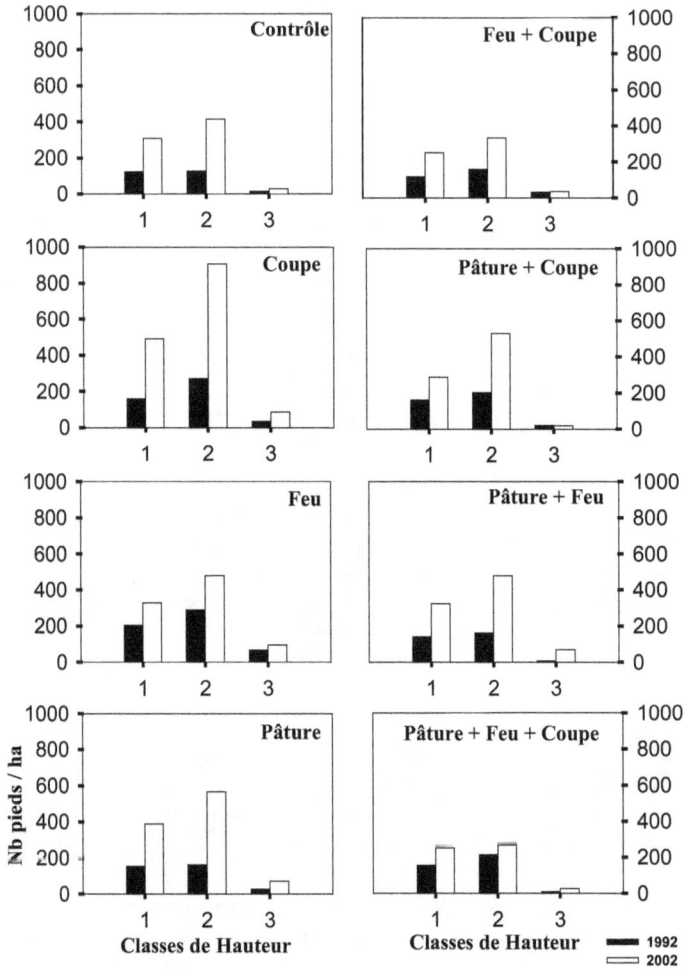

Figure 11 B : Répartition des jeunes ligneux par classes de hauteur (1 = <200cm ; 2 = 200-400cm ; 3 = ≥400cm) dans la forêt classée de Tiogo en 1992 et en 2002.

Des trois traitements, seul le feu précoce a eu un effet très significatif sur la majorité des classes de hauteur sur les deux sites (p<0,001) (Tableau XIII). A Laba la classe de hauteur <2 m a été la plus sensible au feu avec un taux d'accroissement presque 5 fois plus élevé dans les parcelles protégées du feu que dans celles subissant un feu précoce annuel. A Tiogo par contre, c'est la classe de hauteur 2-4 m qui a été la plus influencée par le feu avec un taux de d'accroissement 2 fois plus élevé sur les parcelles protégées du feu.

Tableau XIII : Effets principaux de la pâture, du feu précoce et de la coupe de bois sur le taux d'accroissement annuel (r) de la population des jeunes ligneux sur une décade (1992-2002) en fonction des classes de hauteur à Laba et à Tiogo. Les valeurs sont des moyennes ± Erreurs standard).

Traitements	Classes de hauteur Laba		Classes de hauteur Tiogo	
	<2m	2-4m	<2m	2-4m
Pâture	5,2 ± 1,7	10,9 ± 2,4	7,2 ± 0,8	8,9 ± 1,5
Pas de pâture	5,6 ± 1,3	13,1 ± 1,6	8,4 ± 1,1	9,0 ± 1,0
Valeur-p	0,856	0,130	0,255	0,922
Feu précoce	1,9 ± 1,3	6,7 ± 1,9	6,5 ± 0,9	5,9 ± 1,2
Pas de feu	8,9 ± 1,1	17,3 ± 1,0	9,1 ± 0,9	12,1 ± 0,8
Valeur-p	**0,001**	**<0,001**	0,095	**<0,001**
Coupe	5,7 ± 1,6	11,9 ± 2,1	7,4 ± 1,0	8,6 ± 1,3
Pas de coupe	5,1 ± 1,4	12,1 ± 2,0	8,2 ± 0,9	9,4 ± 1,3
Valeur-p	0,745	0,946	0,612	0,578

2.4. Croissance des jeunes ligneux

La hauteur dominante et la surface terrière sont des paramètres de productivité d'un peuplement. L'accroissement courant annuel de la hauteur dominante a été très significativement diminué par le feu précoce annuel à Laba (p<0,001) mais pas à Tiogo (p = 0,193) A Laba, il a été trois fois plus élevé sur les parcelles non brûlées que sur celles subissant le feu précoce annuellement (Figure 12).

Le pâturage n'a influencé significativement l'accroissement courant de la hauteur dominante dans aucun des sites. Néanmoins, à Tiogo on observe une tendance à un accroissement courant plus élevé de ce paramètre sur les parcelles pâturées par rapport à celles protégées du bétail.

La coupe sélective a diminué significativement l'accroissement courant annuel de la hauteur dominante seulement à Tiogo (p=0,028). En effet sur ce site, ce paramètre a été trois fois plus élevé sur les parcelles non coupées que sur celles exploitées en coupe sélective.

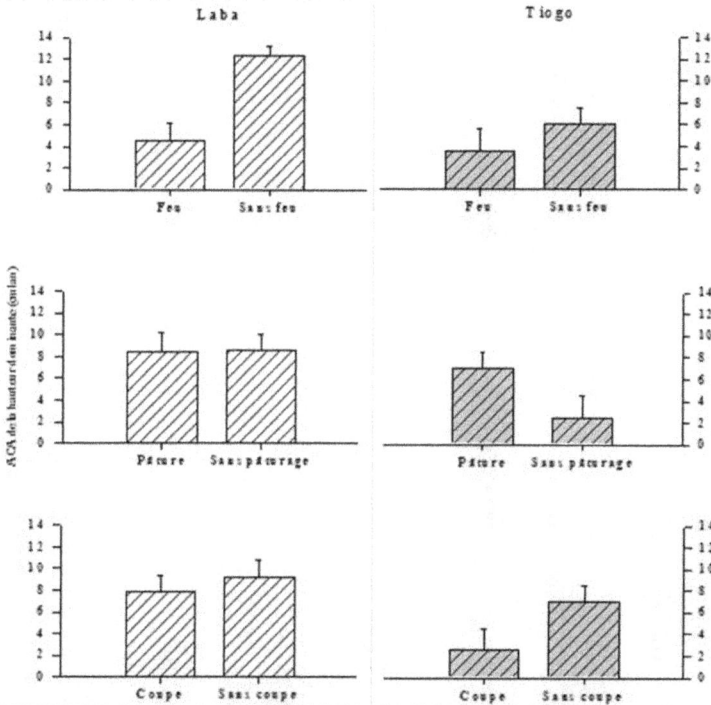

Figure 12 : Effets principaux du feu, de la pâture et de la coupe sylvicole sur l'accroissement annuel de la hauteur dominante des jeunes ligneux à Laba et Tiogo.

Quant à l'accroissement courant annuel de la surface terrière des jeunes ligneux (Tableau XIV), il a été significativement réduit par le feu précoce à Laba (p<0,001) et à Tiogo (p=0,016). Par exemple, il a plus que doublé à Laba sur les parcelles protégées du feu, tandis que, sur aucun des dispositifs, ni la pâture ni la coupe sélective de bois n'ont eu d'effet significatif sur ce paramètre.

Tableau XIV : Effets principaux de la pâture, du feu précoce et de la coupe de bois sur l'accroissement courant annuel (ACA) de la surface terrière (m²/ha) sur une décade (1992-2002) à Laba et à Tiogo. Les valeurs sont des moyennes ± Erreurs standard.

Traitements	Surface terrière à la base des jeunes arbres (m²/ha) à Laba.			Surface terrière à la base des jeunes arbres (m²/ha) à Tiogo.		
	1992	2002	ACA	1992	2002	ACA
Pâture	0,16⁻ ± 0,041	1,060 ± 0,108	0,090 ± 0,012	0,240 ± 0,031	0,752 ± 0,078	0,051 ± 0,008
Pas de Pâture	0,23€ ± 0,052	1,098 ± 0,099	0,086 ± 0,011	0,250 ± 0,047	0,892 ± 0,094	0,064 ± 0,009
Valeur-p			0,753			0,357
Feu	0,247 ± 0,058	0,792 ± 0,067	0,055 ± 0,007	0,268 ± 0,032	0,678 ± 0,055	0,041 ± 0,006
Pas de Feu	0,153 ± 0,031	1,366 ± 0,078	0,121 ± 0,007	0,222 ± 0,046	0,966 ± 0,099	0,074 ± 0,009
Valeur-p			**<0,001**			**0,016**
Coupe	0,211 ± 0,049	1,047 ± 0,095	0,084 ± 0,010	0,294 ± 0,045	0,807 ± 0,107	0,051 ± 0,011
Pas de coupe	0,188 ± 0,046	1,111 ± 0,111	0,092 ± 0,012	0,197 ± 0,029	0,837 ± 0,064	0,064 ± 0,007
Valeur-p			0,427			0,321

3. Discussion

Des trois facteurs anthropiques majeurs (pâture, coupe de bois, feu) agissant sur les formations naturelles des zones soudaniennes, le feu a été celui qui a le plus influencé la dynamique de la population des jeunes ligneux. En effet, il a contribué à diminuer leur taux d'accroissement de la richesse spécifique, de la densité ainsi que de ceux de la surface terrière et de la hauteur dominante.

L'augmentation de la population des jeunes ligneux s'est faite plus par recrutement résultant de la croissance des individus de la classe inférieure que par apport de nouvelles espèces. En effet, la savane soudanienne, qui subit des feux récurrents depuis très longtemps, a sans doute induit une sélection d'espèces qui tolèrent le feu à des degrés divers. Ainsi, la suppression du feu permet à la majorité des espèces (tolérantes et moins tolérantes) d'avoir une croissance plus soutenue dans les parcelles non brûlées. Par contre dans les parcelles brûlées annuellement en feu précoce, ce sont seulement les espèces tolérantes qui peuvent croître mais à un rythme plus lent. Par exemple, *Anogeissus leiocarpus* a une meilleure croissance et devient même envahissante dans les parcelles longtemps protégées du feu.

Nos résultats concordent avec ceux d'autres auteurs qui on travaillé dans des environnements similaires (Gignoux *et al.*, 1997 ; Hoffmann, 1998 ; Peterson et Reich, 2001 ; Hutchinson *et al.*, 2005). Ils ont trouvé que les feux fréquents influençaient négativement le développement des plantules et semis. Selon les mêmes auteurs, plus les feux sont tardifs, plus ils sont néfastes à la strate ligneuse surtout à

111

sa frange jeune. Il est communément accepté qu'en zone soudanienne, en l'absence d'autres perturbations, la savane protégée du feu évolue vers une formation plus boisée tandis que les feux fréquents, surtout tardifs, favorisent l'installation d'une savane herbeuse.

De plus le feu est partiellement responsable du phénomène d'abscission (mortalité récurrente de la partie épigée des semis et des jeunes rejets de souche) notée chez certaines espèces telle que *Detarium microcarpum* en savane (Menaut *et al.*, 1995 ; Chidumayo, 1997 ; Bationo *et al.*, 2001 ; Luoga *et al.*, 2004). L'effet négatif du feu sur la végétation ligneuse a été rapporté par beaucoup d'autres auteurs (Hoffmann *et al.*, 2003 ; Gambiza *et al.*, 2005 ; Hutchinson *et al.*, 2005 ; Albercht et McCarthy, 2006).

En fonction de l'intensité et de la durée, le feu peut soit tuer soit scarifier les semences contenues dans la litière à la surface du sol ou légèrement enterrées. En effet, la chaleur peut avoir des effets positifs ou négatifs sur la germination dépendant de l'intensité et de la durée d'application de la chaleur (Teketay, 1996 ; Danthu *et al.*, 2003 ; Schelin *et al.*, 2003, 2004 ; Zida *et al.*, 2005).

Selon nos résultats, le feu précoce annuel n'a fait que freiner le recrutement et la croissance des jeunes ligneux. Son effet sur les paramètres de ceux-ci est plus marqué à Laba qu'à Tiogo. Cela pourrait être expliqué par l'abondance de *Detarium microcarpum* à Laba dont l'accroissement de la densité des jeunes ligneux a été négativement affecté par le feu. De même, les sols à Laba sont superficiels avec une strate herbacée dominée par des annuelles dont la dessiccation est plus avancée au moment de la mise à feu. Le feu y est alors plus intense qu'à Tiogo où la strate herbacée est dominée par des Poaceae vivaces dont l'humidité relativement élevée atténue l'intensité des feux et la hauteur des flammes. De plus, les espèces abondantes à Tiogo (*Acacia macrostachya* et *Entada africana*) ont été moins sensibles au feu (Figure 11). La dernière espèce a même été favorisée par le feu comparativement à la protection intégrale. Ces résultats sont en concordance avec ceux d'autres études dans d'autres savanes africaines (Hochberg *et al.*, 1994 ; Menaut *et al.*, 1995). La lenteur du recrutement et de la croissance des jeunes ligneux sont sans doute en partie responsables du faible taux d'accroissement de la hauteur dominante et de la surface terrière observée dans la partie brûlée. Nos résultats sont en concordance avec ceux de Gambiza *et al.* (2000) dans une végétation de miombo où les feux fréquents ont joué négativement sur la surface terrière.

Un des effets majeurs du feu est la destruction de la partie apicale des semis, des jeunes ligneux et même des arbres adultes. La multicaulinarité constitue une réaction à la destruction de la partie apicale des ligneux. Ainsi, une végétation qui est soumise à des feux fréquents et intenses tendra à être buissonnante avec des individus multicaules de taille relativement réduite. C'est de même ce qu'ont observé des auteurs tels que Menaut *et al.*, (1995), Hoffmann (1998), Kennedy *et al.* (2003).

113

A l'instar du feu, le broutage peut accentuer la multicaulinarité des jeunes ligneux. Cela pourrait expliquer en partie la tendance à l'augmentation des individus multicaules dans les parcelles pâturées de nos dispositifs. En effet, la défoliation et le broutage des jeunes rameaux favorisent l'embuissonnement et même la disparition des espèces appétées. De nombreux auteurs attestent que l'effet de la pâture sur la régénération des ligneux dépend de la variation temporelle et spatiale de celle-ci, de la charge animale, des espèces d'animaux qui pâturent et de la capacité des plantes à supporter le broutage et le piétinement (Hester *et al.*, 1996 ; O'Connor, 1996 ; Hiernaux, 1998 ; Drexhage *et al.*, 2003). Le niveau modéré de la pâture à Tiogo et Laba est sans doute la raison du manque d'impact significatif de l'effet de la pâture sur la richesse spécifique, le recrutement et la croissance des jeunes arbres sur ces deux sites. Cela confirme les observations de Belsky (1987) qui a noté qu'une pâture modérée n'avait souvent pas d'effets mesurables sur la richesse spécifique d'un pâturage.

La coupe sélective de bois est sensée accélérer le processus de recrutement et la croissance des ligneux grâce à une plus grande disponibilité en eau, nutriments et lumière (Frost *et al.,* 1986 ; Hutchinson *et al.*, 2005). Pourtant, cela n'est pas le cas sur nos sites d'étude. L'intensité de coupe et le mode de régénération des ligneux en présence pourraient expliquer cet état de fait. En effet, la coupe sélective a été réalisée une seule fois en 1993 en prélevant 50 % de la surface terrière. L'accroissement de la disponibilité en éléments

114

nutritifs et lumière consécutif à la coupe dépend de la densité initiale de la végétation et du volume prélevé. De plus, la quasi-totalité des espèces coupées ont réagi à la coupe en drageonnant et/ou en rejetant vigoureusement de souche (Sawadogo *et al.*, 2002, Nygard *et al.*, 2004 ; Ky-Dembelé *et al.*, 2007). Ces rejets et drageons ont l'avantage de disposer d'un réseau de racines déjà en place pour leur approvisionnement en eau et nutriments. Ils pourraient alors occuper plus rapidement l'espace au détriment des plantules qui auraient contribué à augmenter la richesse spécifique du peuplement. De plus, la coupe des individus matures (semenciers) a pu diminuer la quantité de semences, influençant ainsi négativement le processus de recrutement. Une autre raison probable du fait que la coupe n'a pas influencé significativement la densité des jeunes ligneux pourrait être due au passage dans la classe des arbres matures des rejets de souche et drageons occasionnés par la coupe de 1993. En effet, la vitesse de croissance des rejets de souche et des drageons est plus grande que celle des semis (Hoffmann 1998 ; Walter, 2003). La grande biomasse herbacée a dû également contribuer à réduire la croissance des jeunes ligneux à Tiogo. L'étouffement des rejets issus d'une coupe rase par une abondante strate herbacée a été déjà observé par Renes (1991) dans des végétations similaires.

L'indépendance des facteurs feu, coupe et pâture par rapport à la dynamique de la population des jeunes ligneux est un résultat inattendu. En effet, au seuil de 5 %, il n'y a pas eu d'interaction entre ces trois facteurs pour influencer la densité ou la croissance des jeunes ligneux. Néanmoins, il est à reconnaître que le seuil de 5 % généralement employé dans les analyses statistiques est sans doute trop bas pour avoir des réponses statistiquement significatives dans un environnement aussi hétérogène que celui de notre étude. De plus, les facteurs abiotiques (pluviosité, sols) et biotiques (feu, pâturage, coupe) sont caractérisés par une grande variabilité spatio-temporelle. Il en est de même de la réaction des espèces aux traitements qui varie énormément d'une espèce à l'autre. En effet, la variation spatio-temporelle de la pluviosité et la structure en mosaïque de la végétation en savane sont des facteurs majeurs qui influencent la manière dont les traitements agissent sur les paramètres des jeunes ligneux. En effet, la quantité et la distribution de l'eau des pluies ont été très variables durant l'ensemble de la période d'étude. En plus de son effet direct sur la croissance des jeunes ligneux, la pluviosité influence la production de biomasse herbacée et par conséquent l'intensité des feux et de la pâture.

L'organisation de la végétation en mosaïque à Tiogo avec les îlots de végétation de termitières influence sans doute la richesse spécifique et la croissance des jeunes ligneux. En effet, le feu contourne souvent ces bosquets. Par conséquent les espèces qui s'y développent telles que *Tamarindus indica, Capparis sepiaria, Combretum micranthum, Acacia erythrocalyx* sont rarement atteintes par le feu et peuvent alors croître plus rapidement.

Enfin, l'effet des traitements sur la dynamique des jeunes arbres dépend de la vitesse de croissance et de la sensibilité intrinsèque des espèces en présence. Par exemple, les rejets de *Detarium microcarpum* ont une grande vitesse de croissance. Néanmoins à Laba, des gros rejets résultant d'une protection pendant deux années consécutives, sensés s'être affranchis du feu, n'ont pas résisté à un feu précoce durant la troisième année (Manauté, 1996).

Conclusion

Le feu précoce a contribué à ralentir le recrutement et la hauteur dominante des jeunes ligneux dans les deux dispositifs. Le degré de sensibilité au feu des jeunes ligneux a été variable en fonction des espèces. En effet, le feu précoce a affecté négativement *Detarium microcarpum* et *Anogeissus leiocarpus* tandis qu'il a favorisé le développement de *Entada africana* et de *Acacia macrostachya*. Le feu précoce a augmenté le nombre d'individus multicaules. La pâture et la coupe sélective de bois n'ont pas eu d'effet significatif sur le développement des jeunes ligneux.

II. INFLUENCE DE LA PATURE ET DU FEU PRECOCE SUR LA CROISSANCE DES REJETS DE SOUCHE ISSUS DE LA COUPE SELECTIVE DE BOIS.

1. Méthode d'étude

Chaque individu coupé lors de la coupe sélective de bois en 1993 fait l'objet de mensurations annuelles sur les dispositifs de Laba

117

et de Tiogo. Les individus coupés ont été repérés sur les parcelles grâce à leurs coordonnées géographiques enregistrées lors de la coupe. L'objectif est d'apprécier l'impact des traitements sylvicoles sur la survie et la croissance des rejets de souche des espèces en fonction du temps.

Les données des 13 années consécutives (1994 à 2006) de mensurations des rejets de souche des deux dispositifs ont servi pour les calculs. Les variables mesurées au niveau de chaque individu sont :

- la mortalité apparente de la souche : une souche est considérée comme morte si elle ne comporte aucun rejet au moment de l'inventaire. En effet, une souche peut être enregistrée comme morte une année car ne comportant pas de rejet au moment de l'inventaire et vivante l'année suivante ;

- le nombre de rejets (brins) par souche ;

- la hauteur de chaque rejet de souche à l'aide d'une perche de 6 ± 0,1 m ; nous avons par la suite calculé la hauteur dominante qui correspond à la moyenne des hauteurs des 100 pieds les plus hauts / ha (West 2004 ; Rondeux, 1994) ;

- les circonférences à la base et à 1,30 m de chaque rejet dont la circonférence est ≥10 cm ont été mesurées en cm avec un ruban de couturier. Les rejets dont la circonférence est supérieure à 10 cm sont supposés être suffisamment robustes pour résister au feu et au broutage. Ces rejets sont supposés être les rémanents après le processus de l'auto-éclairci qui s'opère au niveau des nombreux rejets de la souche après la coupe. Par conséquent, les surfaces terrières à la base et à hauteur de poitrine (1,30 m) sont calculées en considérant ces rejets.

Les analyses statistiques (ANOVA) sont faites en utilisant les valeurs moyennes de chaque groupe de parcelles recevant le même traitement. L'analyse concerne l'ensemble des espèces coupées.

2. Résultats

Dans les deux sites, le feu précoce et la pâture ont eu des effets variés sur les différents paramètres des rejets de souches (Tableau XV).

Les figures 13a et 13 b présentent l'évolution de ces variables dans le temps. La discontinuité observée sur les courbes de Laba s'explique par manque de données de l'année 1998.

119

Tableau XV : Principaux effets du feu et du pâturage sur la mortalité de souche, le nombre de brins par souche, la surface terrière à la base (ST_{base}), la surface terrière à hauteur de poitrine (ST_{130}) et la hauteur dominante (H_{do}).

| Site | Traitements | Variables | | | | |
		Taux de mortalité (%)	Nombre de brins par souche	ST_{base} (m²/ha)	ST_{130} (m²/ha)	H_{do} (cm)
Laba	Feu	27,3 ± 1,4	5,2 ± 0,1	1,01 ± 0,07	0,38 ± 0,03	339,0 ± 10,7
	Sans Feu	31,0 ± 1,3	4,5 ± 0,1	1,43 ± 0,10	0,61 ± 0,04	404,4 ± 14,2
	P	*0,052*	**0,001**	**0,001**	**0,001**	**0,001**
	Pâture	30,7 ± 1,3	5,0 ± 0,1	1,20 ± 0,08	0,48 ± 0,04	362,2 ± 11,9
	Sans pâture	27,6 ± 1,4	4,7 ± 0,2	1,24 ± 0,09	0,51 ± 0,04	381,1 ± 14,0
	P	0,098	***0,041***	0,665	0,305	**0,031**
Tiogo	Feu	18,0 ± 0,6	5,5 ± 0,2	1,26 ± 0,08	0,55 ± 0,04	398,7 ± 10,6
	Sans Feu	18,3 ± 1,0	5,5 ± 0,3	1,22 ± 0,07	0,56 ± 0,04	411,9 ± 11,2
	P	0,801	0.995	0,406	0,648	0,113
	Pâture	18,1 ± 0,9	5,7 ± 0,3	1,35 ± 0,08	0,62 ± 0,04	401,0 ± 10,5
	Sans pâture	18,3 ± 0,7	5,3 ± 0,2	1,13 ± 0,06	0,49 ± 0,03	409,6 ± 11,3
	P	0,829	0,198	**0,004**	**0,001**	0,306

La pâture a permis une réduction significative de la mortalité de souche durant les six premières années de l'étude (1994-1999) à Tiogo (Sawadogo *et al.,* 2002); cet effet s'est annulé après 13 années de croissance des rejets. Les espèces coupées ont des sensibilités différentes aux traitements. Par exemple à Tiogo, la mortalité cumulée des six premières années consécutives à la coupe varie entre 5 % pour *Combretum glutinosum* et 54 % pour *Piliostigma thonningii*.

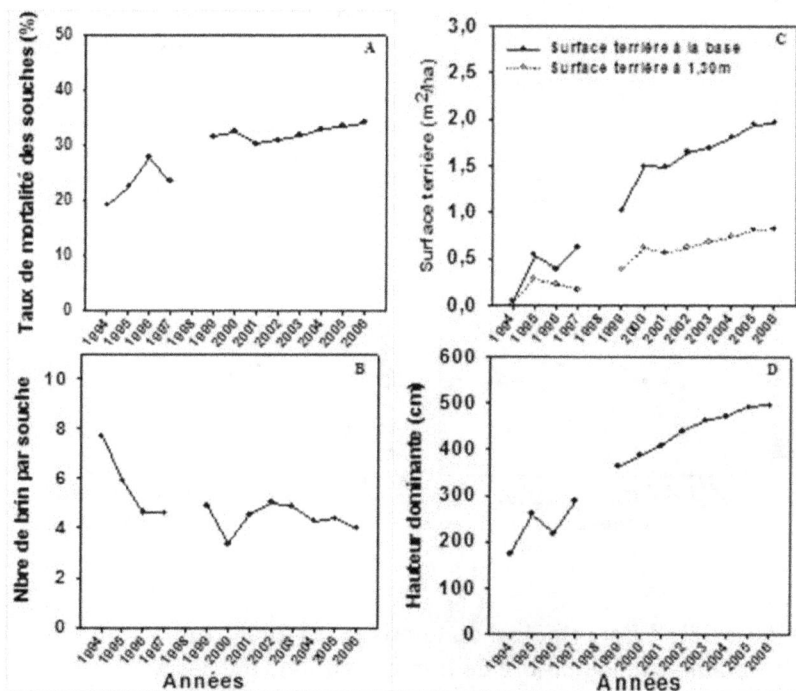

Figure 13a : **Effet principal du temps (1994-2006) sur la mortalité de souche (A), le nombre de brins par souche (B), les surfaces terrières (C) et la hauteur dominante (D) à Laba.**

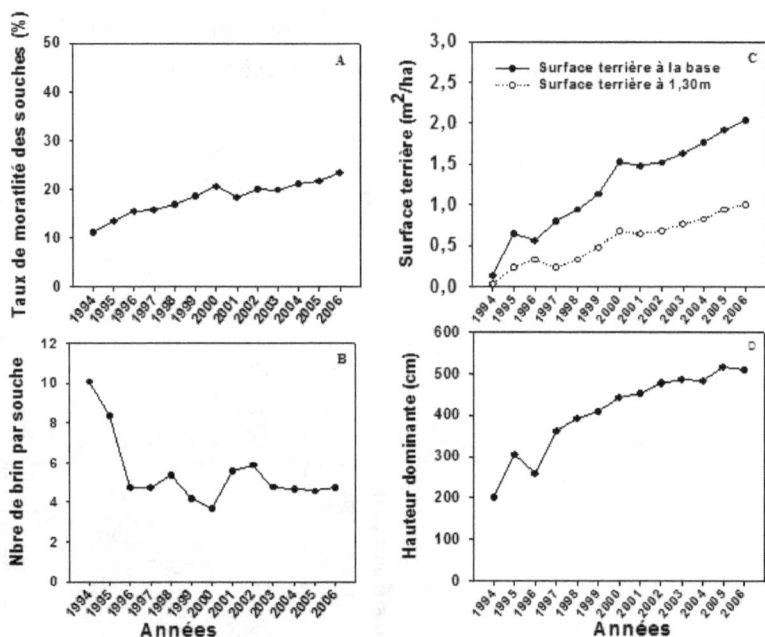

Figure 13b: Effet principal du temps (1994-2006) sur la mortalité de souche (A), le nombre de brin par souche (B), les surfaces terrières (C) et la hauteur dominante (D) à Tiogo.

Bien qu'il y ait des variations en dents de scie, le nombre de rejets (brins) par souche diminue au cours du temps sur l'ensemble de la période d'étude. De 8 et 10 rejets par souche en moyenne en 1994 à Laba et Tiogo respectivement, on aboutit à 4 rejets en moyenne par souche 13 ans plus tard en 2006. A partir de la troisième année après la coupe, il y a une faible variation du nombre de rejets par souche dans tous les deux sites. A Tiogo, on dénombrait en moyenne 4 rejets par souche dès 1999. A Laba, le feu et la pâture ont augmenté significativement le nombre moyen de rejets par souche (p=0,001 et 0,041 respectivement) tandis qu'à Tiogo aucun effet significatif de ces traitements n'a été observé sur cette variable.

Le nombre de rejets par souche varie en fonction des espèces. Par exemple, six années après la coupe, *Detarium microcarpum* possède en moyenne 7 rejets/souche tandis que *Combretum glutinosum* n'a que 5 brins/souche.

Les surfaces terrières à la base et à 1,30 m augmentent graduellement avec le temps dans les deux sites. Treize années après la coupe, elles sont en moyenne de 2 m^2/ha à la base et de 0,8 m^2/ha à hauteur de poitrine dans les deux sites. Six ans après la coupe, en 1999, la surface terrière totale des individus coupés était de 1,2 m^2/ha à la base et de 0,6 m^2/ha à 1,30 m.

Le feu précoce à Laba diminue significativement la surface terrière à la base et celle à 1,30 m (p=0,001) alors qu'à Tiogo, la pâture contribue à augmenter significativement les valeurs de ces deux paramètres (p<0,004). L'interaction Feu x Pâture a un effet significatif sur les deux surfaces terrières à Tiogo (p=0,009 à la base et p=0,002 à 1,30 m).

A l'instar de la surface terrière, la hauteur dominante des rejets augmente graduellement pour atteindre 5 m en moyenne en 2006 dans les deux sites. A Laba, elle est significativement réduite par le feu précoce ainsi que par la pâture (p=0,001 et 0,031 respectivement). Bien que les effets principaux du feu et de la pâture ne soit pas significatifs sur la hauteur dominante à Tiogo, leur interaction a un effet très significatif (p=0,001).

3. Discussion

3.1. Les effets de la pâture

Dans la majorité des pays africains, particulièrement dans la zone de transition entre les zones sahélienne et soudanienne, la pâture est considérée comme étant nocive pour la production ligneuse (Breman *et al.*, 1995 ; Bellefontaine *et al.*, 1997). L'action négative de la pâture la plus évidente est le broutage qui inhibe le développement des semis et des jeunes ligneux. Peu d'études existent sur l'effet de la consommation de la strate herbacée par le bétail sur les performances de la régénération ligneuse dans les savanes de zones arides sujettes aux feux récurrents. L'idée préconçue de l'action négative de l'élevage sur la production ligneuse est la base de la règlementation interdisant le bétail dans les forêts classées et certaines réserves forestières. La pâture dans ces entités se fait alors de manière clandestine occasionnant de mauvaises pratiques pastorales et engendrant des conflits entre les éleveurs et les services forestiers gestionnaires des forêts classées. Pourtant, dans la présente étude, la mortalité des

124

souches après une coupe sélective a été réduite significativement par la pâture durant les premières années de croissance (Sawadogo *et al.,* 2002). De même, le recrutement des grosses tiges et par conséquent la surface terrière sont améliorés par la pâture à Tiogo, augurant ainsi un effet positif de celle-ci sur la production ligneuse de ce site contrairement à ce qui est communément admis. A Laba, sur l'ensemble des paramètres, seule la hauteur dominante est influencée négativement par la pâture. Nos résultats sont en concordance avec ceux de Peltier *et al.* (1989) qui ont trouvé un effet positif de la pâture sur la croissance des rejets de souches dans la savane soudanienne au Cameroun. Cependant, en Afrique du Sud, Rogues *et al.* (2001) ont trouvé que le surpâturage entraînait une dégradation des pâturages par embuissonnement. Par conséquent, on peut noter que l'impact de la pâture sur l'équilibre ligneux / herbacés est complexe et dépend des espèces végétales en présence, de la nature des animaux (bœufs, chèvres, moutons,..) et de l'intensité de pâture. D'autres facteurs abiotiques tels que la pluviosité, les types de sol sont également des facteurs déterminants. La meilleure croissance des rejets à Tiogo, due à la pâture, peut être attribuable en partie à la réduction de la biomasse herbacée par consommation et par piétinement par le bétail. La compétition s'opère alors en faveur des rejets de souches qui ont plus de lumière, d'eau et d'éléments nutritifs pour mieux se développer. Il faut souligner que ces résultats ont été obtenus dans des conditions de pâture modérée (Sawadogo *et al.* 2002). Fournier *et al.* (1997) ont trouvé que le bétail pouvait consommer de 10 à 50 % de la phytomasse herbacée épigée en zone soudanienne ; cette

125

consommation pouvait aller jusqu'à 60 % dans une savane sud africaine (Chidumayo, 1997). Menaut *et al.* (1995) ont trouvé que le stress hydrique était plus élevé pour les plantules de ligneux croissant en compétition avec une strate herbacée. Selon Cesar (1990), une courte période de pâture intensive peut constituer un outil efficace d'aménagement en zone soudano-guinéenne pour améliorer la croissance de la végétation ligneuse. Dans le site de Tiogo, la production moyenne herbacée entre 1994 et 2001 a été estimée à 4 tonnes MS/ha (Sawadogo *et al.*, 2005). Cette production est dominée par celles des Poaceae vivaces comme *Andropogon gayanus* et *Andropogon ascinodis* qui atteingnent 3 à 4 mètres de haut. Ces herbacées étouffent les rejets de souches qui ne mesurent en première année de croissance qu'environ 1 m de hauteur. En effet, Renes (1991) a trouvé que tant que les gros rejets n'ont pas dépassé la hauteur de la végétation herbacée, l'ombrage est un facteur limitant pour la croissance des rejets et peut accroitre la mortalité des souches. Dans notre étude, moins d'une tige par souche en moyenne atteint la hauteur de ces Poaceae vivaces après 6 ans de croissance. Ce n'est qu'à partir de la septième année de croissance que la hauteur dominante des rejets atteint 4 mètres.

La pâture est considérée plus dommageable durant les premières années après la coupe à cause surtout du broutage. C'est pourquoi dans les chantiers d'aménagement forestiers au Burkina Faso, il est prescrit une protection des parcelles exploitées contre la pâture et le feu pendant 3 à 5 ans pour permettre aux rejets d'être suffisamment vigoureux et hauts pour s'affranchir de la dent du bétail et des flammes (Kaboré, 2004). En effet, il est à noter que le risque de broutage est plus élevé la première année car les jeunes rejets sont plus appétibles et plus accessibles au bétail. Dans notre étude, nous n'avons pas observé de dommage de broutage sur les rejets de souches. En effet, la majorité des espèces ligneuses du dispositif ne sont pas appétibles surtout en saison pluvieuse où l'herbe fraîche est abondante. Néanmoins, en cas de charge plus élevée, certaines espèces non appétées en conditions normales se retrouvent broutées. C'est le cas de Combretum micranthum, C. nigricans et Crossopteryx febrifuga. La charge élevée engendre un piétinement plus important qui est plus dommageable pour les jeunes rejets. En outre, les performances des rejets de souche peuvent être améliorées par le piétinement et la fertilisation par dépôt de fèces et d'urine qui constitue un facteur accélérant la décomposition de la matière organique et les conditions hydriques du sol grâce à l'action des termites et autres micro-organismes du sol.

La mortalité des souches est également due à l'action des termites qui utilisent les souches coupées comme point de départ de construction de leurs termitières.

3.2. Les effets du feu précoce

Le feu a influencé significativement tous les paramètres de production des rejets de souche à Laba et non à Tiogo. Les sols superficiels du site de Laba sont dominés par des herbacées annuelles qui sont à un état de dessiccation très avancée au moment des feux précoces. Les feux y sont alors plus intenses qu'à Tiogo où la combustion est incomplète à cause de l'abondance des Poaceae vivaces encore relativement vertes. De plus, l'abondance de *Detarium microcarpum* sur le site de Laba a été un facteur déterminant concernant l'impact du feu. En effet, les jeunes individus de cette espèce sont très sensibles au feu.

Une variabilité dans l'espace et dans le temps des facteurs influençant la dynamique de la végétation dans les savanes tropicales a été également rapportée par de nombreux auteurs (Forst *et al.*, 1986 ; Kauffman, 1991 ; Sampaio *et al.*, 1993). La vitesse du vent, l'humidité de l'air et du combustible sont des facteurs difficiles à contrôler au moment de l'allumage des feux. La grande variabilité spatio-temporelle de la phytomasse herbacée et de sa composition en savane est déterminante quant à l'homogénéité de l'effet des traitements. Par exemple, dans nos dispositifs, la végétation surtout herbacée se présente sous forme de mosaïque avec des espèces annuelles à dessèchement rapide (*Loudetia togoensis*) et des espèces vivaces à cycle long (*Andropogon gayanus*) entraînant une variation spatiale du taux d'humidité du combustible au moment du feu précoce. De même, l'organisation structurelle de la végétation ligneuse sous forme de mosaïque avec des bosquets surtout sur les termitières cathédrales joue sur l'efficacité de brûlage (Trollope, 1984).

La mortalité des souches a été difficile à appréhender dans notre étude. En effet, outre le fait que c'était la mortalité apparente des souches qui était notée, certains drageons aux environs des souches ont dû être enregistrés comme des rejets de souche. Cette situation est fréquente surtout avec *Entada africana* et *Detarium microcarpum* qui donnent plus de drageons que de rejets sur la souche coupée. Le fait que la souche disparaît après un certain nombre d'années complique d'avantage la tâche de reconnaissance des rejets issus de la coupe. Des difficultés similaires pour distinguer l'origine des différentes plantules (rejets de souche, drageons,...) ont été rapportées par d'autres auteurs (Abbot *et al.*, 1999 ; Hoffmann, 1998 ; Rutherford, 1981 ; Ky-Dembele, 2007).

La protection contre le feu pendant 2 années consécutives n'a pas donné les résultats escomptés par les aménagistes. En effet, la mortalité des souches est plus accentuée par ce traitement. La principale raison de cette contre-performance est sans doute l'accumulation importante de nécromasse qui a dû induire des feux plus intenses dans les parcelles protégées pendant 2 ans que dans celles brûlées annuellement. En effet, la nécromasse se décompose difficilement en climat aride et tend à s'accumuler avec le temps en l'absence de feu et de pâture.

Un des objectifs important du suivi à long terme des rejets de souche est d'apprécier la vitesse de reconstitution du capital ligneux afin de pouvoir déterminer une période de rotation optimale. A ce titre, en considérant la surface terrière qui est le meilleur estimateur de la production, on aboutit, en 13 ans de croissance, à un taux de récupération de 40 % à Tiogo et 33 % à Laba des surfaces terrières à la base initiales des individus coupés en 1993. Afin d'estimer la pertinence des 15-20 ans de périodes de rotation préconisées dans les différents chantiers d'aménagement forestier, il serait important d'évaluer la croissance des individus non exploités afin de pouvoir estimer la production totale du peuplement.

La variabilité inter et intra-annuelle de la pluviosité est le facteur le plus déterminant qui joue sur la quantité et la composition de la phytomasse herbacée et par conséquent l'intensité du feu et de la pâture. L'estimation de la production annuelle de la strate herbacée peut permettre d'orienter l'aménagiste sur les risques de feu. Il pourra alors déterminer la quantité de bétail à autoriser sur le pâturage.

Conclusion

Le feu précoce a affecté négativement la croissance des rejets de souche. Les rejets de souche de Laba ont été plus affectés que ceux de Tiogo. Le degré de dessiccation plus élevé des Poaceae annuelles dominantes sur le site de Laba a certainement occasionné des feux plus intenses que sur le site de Tiogo dominé par des Poaceae vivaces plus vertes au moment du brûlage. Contrairement à ce qui est communément admis, la pâture modérée n'a pas influencé négativement les paramètres de production des rejets de souche issus de la coupe sélective. Elle a même réduit la mortalité de ces rejets durant les premières années consécutives à la coupe et augmenté la surface terrière. Cet effet est attribuable à la consommation et au piétinement de la phytomasse herbacée par le bétail. Par conséquent, la pâture modérée peut être utilisée pour réduire l'intensité des feux de brousse et permettre une meilleure productivité ligneuse.

En 13 ans de croissance, les surfaces terrières des rejets de souche étaient de 33 % et 40 % de celles avant la coupe sélective, respectivement à Laba et à Tiogo.

III. INFLUENCE DE LA PATURE, DU FEU PRÉCOCE ET DE LA COUPE SELECTIVE DE BOIS SUR LA BIOMASSE HERBACEE

1. Méthode d'étude

La biomasse herbacée est évaluée chaque année par la méthode de la récolte intégrale sur toutes les parcelles des dispositifs expérimentaux de Laba et de Tiogo. Les effets des différents traitements sylvicoles sont étudiés sur la période 1993-2001, soit neuf (09) années.

La biomasse est évaluée par espèce.

Les analyses portent sur : la biomasse totale, la biomasse par forme biologique (annuelles, vivaces) et la biomasse de chacune des principales espèces herbacées (*Andropogon gayanus, A. ascinodis, A. pseudapricus, Loudetia togoensis*).

L'objectif est d'apprécier l'influence des différents traitements (pâture, feu précoce annuelle, coupe sélective de bois) sur la production des différentes composantes de la végétation herbacée.

L'analyse de variance est faite avec le modèle linéaire général (GLM) suivant :

$$Y_{ijkl} = \mu + \beta_i + G_j + F_k + C_l + \beta G_{ij} + GF_{jk} + GC_{jl} + FC_{kl} + GFC_{jkl} + e_{ijkl}$$

où Y_{ijkl} est la variable explicative de la biomasse, μ est la moyenne générale, βi est l'effet bloc i, Gj est l'effet de la pâture j, F_k est l'effet du feu k, C_l est l'effet de la coupe l. Les paramètres G_j, F_k et C_l et leurs interactions sont considérés comme fixes et le paramètre e_{ijkl} est l'erreur de mesure.

Des comparaisons multiples sont faites avec le test de Tukey afin de détecter des différences significatives entre les traitements au seuil 5 % (Zar, 1996).

2. Résultats

2.1. Effets de la pâture sur la biomasse herbacée

Sur la période des 9 années de l'étude, la biomasse totale des herbacées enregistre une diminution significative de 24 % sur les parcelles pâturées par rapport à celles clôturées à Laba (p=0,045). A Tiogo la réduction de biomasse dans les parcelles pâturées est de 15 % et est presque significative au seuil de 5 % (p=0,054) (Tableau XVI).

Tableau XVI : Impact de la pâture sur la biomasse herbacée en tMS/ha et variation (V(%)) par rapport au témoin (Pas de pâture). Les valeurs sont des moyennes par traitement de 1993 à 2001.

Sites	Laba			Tiogo		
	Traitements					
Composantes	Pâture	Pas de pâture	V (%)	Pâture	Pas de pâture	V (%)
Biomasse totale	2,99*	3,94	- 24,11	3,68	4,33	- 15,01
Poaceae annuelles	1,55	1,45	6,90	1,12*	1,69	- 33,73
A. pseudapricus	0,2	0,18	11,11	0,29	0,43	- 32,56
Loudetia togoensis	0,19*	0,08	137,50	0,27	0,49	- 44,90
Poaceae vivaces	1,19*	2,08	- 42,79	2,37	2,41	- 1,66
Andropogon ascinodis	0,74*	1,14	- 35,09	0,49*	0,33	48,48
Andropogon gayanus	0,34*	0,75	- 54,67	1,51	1,57	- 3,82
Phorbes	0,25*	0,41	- 39,02	0,19*	0,24	- 20,83

* = significatif au seuil 5%.

Au niveau des formes biologiques, la pâture a réduit significativement de 43 % la biomasse des Poaceae vivaces à Laba (p=0,030) ainsi que celle des Poaceae annuelles à Tiogo de 34 % (p=0,045). Elle a diminué significativement la biomasse des phorbes sur les deux sites (P<0,034).

Au niveau spécifique, les quatre principales espèces ont des réactions différentes à la pâture selon le site. La biomasse de la Poaceae annuelle *Loudetia togoensis* a plus que doublé sur les parcelles pâturées à Laba alors qu'elle a diminué presque de moitié à Tiogo sur les mêmes parcelles. La pâture a réduit significativement la production des vivaces *Andropogon gayanus* et *A. ascinodis* à Laba (p<0,036) tandis que la dernière espèce a vu sa biomasse augmentée significativement à Tiogo avec le même traitement.

2.2. Effet du feu précoce annuel sur la biomasse herbacée

La biomasse totale des herbacées n'a été influencée significativement par le feu précoce annuel sur aucun des sites au cours de la période d'étude (Tableau XVII).

Tableau XVII : Impact du feu précoce sur la biomasse herbacée en tMS/ha et variation (V(%)) par rapport au témoin (Pas de feu). Les valeurs sont des moyennes par traitement de 1993 à 2001. * = significatif au seuil 5 %

	Dispositifs					
	Laba			*Tiogo*		
	Traitements			Traitements		
Composantes	Feu précoce	Pas de feu	V(%)	Feu Précoce	Pas de feu	V(%)
Biomasse totale	3,40	3,36	1,19	3,99	4,04	- 1,24
Poaceae annuelles	1,62	1,32	22,73	1,58	1,32	19,70
A. pseudapricus	0,19	0,17	11,76	0,42	0,4	5,00
Loudetia togoensis	0,21*	0,03	600,00	0,59*	0,21	180,95
Poaceae vivaces	1,48	1,75	- 15,43	2,2	2,57	- 14,40
Andropogon ascinodis	1,05	0,75	40,00	0,46	0,41	12,20
Andropogon gayanus	0,27*	0,83	- 67,47	1,21*	1,8	- 32,78
Phorbes	0,30	0,30	0,00	0,20*	0,15	33,33

Au niveau des formes biologiques, le feu a occasionné une augmentation de la production des Poaceae annuelles de 23 % et 20 % respectivement à Laba et à Tiogo tandis qu'il a contribué à réduire celle des vivaces sur les deux sites (15 % à Laba et 14 % à Tiogo). La biomasse des phorbes a augmenté significativement de 33 % à Tiogo avec le feu (p=0,008) alors qu'elle n'a pas été influencée à Laba. Au niveau des espèces, l'annuelle *Loudetia togoensis* a été la plus significativement influencée (p<0,001) par le feu avec une augmentation de 600 % et de 181 % de sa biomasse sur les parcelles brûlées comparativement à celles protégées du feu à Laba et à Tiogo respectivement. Le feu précoce a influencé négativement (p=<0,001) la production de biomasse d'*Andropogon gayanus* sur les deux sites. La réduction est de 67 % à Laba et de 33 % à Tiogo. Il a par contre eu tendance à promouvoir *Andropogon ascinodis* qui a connu une augmentation substantielle de biomasse dans les parcelles brûlées sur les deux sites.

2.3. Effet de la coupe sélective de bois sur la biomasse herbacée

La coupe sélective n'a pas eu d'effet significatif sur la biomasse totale des herbacées des deux sites sur l'ensemble de la période d'étude (Tableau XVIII).

Tableau XVIII : Impact de la coupe sélective de bois sur la biomasse herbacée en tMS/ha et variation (V(%)) par rapport au témoin (Pas coupe). Les valeurs sont des moyennes par traitement de 1993 à 2001.

	Dispositifs					
	Laba			Tiogo		
	Traitements			Traitements		
Composantes	Coupe	Pas de coupe	V(%)	Coupe	Pas de coupe	V (%)
Biomasse totale	3,44	3,51	- 1,99	4,01	4	0,25
Poaceae annuelles	1,49	1,5	- 0,67	1,54*	1,14	35,09
A. pseudapricus	0,15*	0,26	- 42,31	0,41*	0,28	46,43
Loudetia togoensis	0,14*	0,11	27,27	0,48*	0,20	140,00
Poaceae vivaces	1,61	1,7	- 5,29	2,28	2,60	- 12,31
Andropogon ascinodis	0,92	0,98	- 6,12	0,42	0,40	5,00
Andropogon gayanus	0,54	0,56	- 3,57	1,42*	1,82	- 21,98
Phorbes	0,34	0,31	9,68	0,20*	0,25	- 20,00

Seul le site de Tiogo a enregistré une augmentation significative de biomasse de 35 % des Poaceae annuelles (p=0,001) avec la coupe. La coupe sélective de bois a eu tendance à réduire la biomasse des Poaceae vivaces des parcelles exploitées sur les deux dispositifs.

Elle a de même contribué à réduire significativement la biomasse des phorbes à Tiogo (20 %). Le contraire a été observé à Laba où leur biomasse a légèrement augmenté. Au niveau spécifique, la coupe sélective de bois a influencé plus significativement les biomasses des annuelles *Loudetia togoensis* et *A. pseudapricus*. La première espèce a enregistré une augmentation significative de sa biomasse sur les deux sites (27 % et 140 % respectivement à Laba et à Tiogo) alors que la biomasse de la dernière a diminué à Laba de 42 % et augmenté à Tiogo de 46 % dans les parcelles exploitées. Parmi les principales Poaceae vivaces, c'est la biomasse d'*A. gayanus* qui a été la plus influencée par la coupe à Tiogo avec une diminution significative de 21 % dans les parcelles exploitées.

3. Discussion

3.1. La pâture

Sur les deux sites, l'effet le plus remarquable est la réduction significative de la biomasse totale herbacée par la pâture sur la période des 9 années de l'étude. La consommation sélective des espèces ainsi que le piétinement constituent les actions les plus évidentes que les animaux exercent sur la végétation. Par contre, s'agissant des formes biologiques, l'effet de la pâture n'est pas uniforme sur les deux sites. A Laba, la pâture diminue significativement la biomasse des vivaces comme *A. gayanus* contrairement à Tiogo où les annuelles subissent une réduction de leur biomasse avec le même traitement. La pâture semble favoriser le développement des annuelles et défavoriser celui des vivaces sur les sols superficiels majoritaires à Laba tandis que l'inverse semble se vérifier sur les sols plus profonds à Tiogo. *Andropogon gayanus* est l'espèce fourragère par excellence de la savane soudanienne. En effet, elle produit une biomasse abondante de bonne qualité nutritive. De plus, le caractère vivace lui confère la possibilité de fournir du fourrage vert sur la majeure partie de l'année. A ce titre elle subit une grande pression pastorale. Ainsi, la fréquente et intense pâture a pour effet de réduire progressivement ses réserves nutritives et la production de semences. Il s'en suit une diminution progressive de sa capacité de régénération par tallage et par semis. Dans ces conditions, elle se retrouve graduellement remplacée par des herbacées annuelles plus compétitives car moins appétées. Fournier *et al.*, (1997) ont également rapporté une inhibition de l'installation et du développement d'*Androgogon gayanus* par la pâture dans des jachères dans la même zone climatique que celles de nos sites d'étude. Dans la zone sahélienne, Seghieri *et al.* (1995) ont trouvé que *Loudetia togoensis* était l'espèce la plus compétitive. Sur nos sites, le fait que cette espèce n'est plus appétée après la floraison (Sawadogo, 1996) le rend encore plus compétitive par rapport aux autres espèces qui ont une période de palatabilité plus longue.

Par ailleurs, l'intensité de pâture, la période et le temps de pâture sont des facteurs qui ont une grande variabilité spatio-temporelle. Pendant la saison sèche, les parcelles non brûlées sont les plus fréquentées par le bétail où il consomme la paille. Il s'en suit une réduction de la litière sur ces zones pâturées, libérant ainsi de l'espace qui favorise une production de biomasse plus précoce dès le début de la saison pluvieuse et par conséquent une fréquentation plus assidue par le bétail.

Durant cette période de l'année, les parcelles brûlées sont fréquentées par le bétail pour y pâturer les repousses des vivaces induites par le feu. Cela peut causer une diminution progressive des réserves nutritives de ces vivaces spécialement sur les sols superficiels.

En début de saison pluvieuse, ce sont les zones brûlées durant la saison sèche qui possèdent une biomasse herbacée plus abondante et le bétail y pâture préférentiellement.

Hiernaux *et al.*, (1999) et Hiernaux (1998) confirment qu'une défoliation sévère pendant la saison pluvieuse peut diminuer de plus de 50 % la production végétale l'année suivante par diminution du potentiel semencier. Dans les savanes semi-arides de l'Afrique du Sud, une grande pluviosité et une pâture légère favoriserait les vivaces touffues (Fynn et O'Connor, 2000). Selon les mêmes auteurs, une faible pluviosité favoriserait les annuelles et les vivaces faiblement touffues mais certaines annuelles serait favorisées par une pâture intense et une pluviosité élevée.

Une diminution de la biomasse herbacée par consommation et piétinement par le bétail pourrait réduire l'intensité du feu par réduction du combustible. En outre, le piétinement ainsi que la fertilisation par les fèces des animaux pourraient améliorer la vitesse de décomposition de la nécromasse en augmentant son contact avec le sol permettant alors une action plus efficace de la microfaune du sol. Il s'en suit alors une meilleure production ligneuse constatée par Sawadogo *et al.* (2002) sur le site de Tiogo. Le pastoralisme pourrait alors être bénéfique à la sylviculture. Cela est d'autant plus vrai en Afrique de l'Ouest où l'élevage est un moteur de l'économie familiale et nationale. Ainsi, le pâturage peut augmenter et la valeur économique et celle écologique des formations naturelles (Gambiza *et al.*, 2000).

3.2. Le feu précoce

Dans cette étude, contrairement à la pâture, l'application d'un feu précoce annuel n'a pas d'effet significatif sur la biomasse totale des herbacées. Cela est probablement dû aux réactions opposées des annuelles et des vivaces au feu précoce. En effet, l'augmentation de la biomasse des annuelles est contrebalancée par la diminution de celle des vivaces. La combustion de la strate herbacée libère de l'espace et permet une colonisation plus rapide par des annuelles. De plus, la libération rapide des matières minérales contenues dans les cendres pourrait favoriser un meilleur développement de la strate herbacée. La fumée est également reconnue comme améliorant la germination des semences (Adkins and Peters, 2001). A l'instar de la pâture, le feu précoce contribue à diminuer la biomasse de *A. gayanus* sur tous les sites.

142

Cela pourrait s'expliquer partiellement par l'effet combinée de la pâture et du feu qui conduirait à un épuisement des réserves nutritives de l'espèce (Rietkerk *et al.*, 1998). Les feux de brousse sont souvent attribués aux pasteurs qui brûleraient la végétation pour améliorer le pâturage par induction de repousses notamment. A la longue, la fréquence des feux conduit à une diminution de la valeur pastorale des pâturages par accroissement de la biomasse des annuelles au dépens de celle des vivaces.

Liedloff *et al.* (2001) ont trouvé que dans certaines conditions (pluviosité élevée, sols riches, pâture modérée), le feu peut favoriser les Poaceae vivaces. En effet, elles sont plus résistantes au feu du fait qu'elles sont à l'état dormant en saison sèche au moment des feux. Les méristèmes sont localisés à la base de la plante où ils sont protégées de la chaleur par les chaumes de la touffe (Garnier *et al.*, 2001 ; Jensen *et al.*, 2001). En Côte d'Ivoire, Garnier *et al.* (2001) ont noté que la croissance des plantules et le taux de survie de la Poaceae vivace *Hyparrhenia diplandra* (Hack.) Stapf étaient plus élevés dans les parcelles non brûlées. Ils ont de même observé une corrélation positive élevée entre le taux de survie et leur capacité à résister au feu. Ils pensent que des feux moins fréquents mais réguliers néanmoins pourraient favoriser l'installation des espèces pérennes pendant qu'ils empêchaient l'accumulation de la litière. Cette dernière non seulement est un combustible pour le feu, mais inhibe également la germination et la croissance des semis (Bergelson, 1990 ; Facelli, 1994).

Les semences de certaines espèces annuelles sont dotées d'artifices morphologiques qui constituent des adaptations efficaces au feu. Par exemple, les graines de *Loudetia togoensis* sont munies d'une pointe et d'un arille hygroscopique qui leur permettent de s'enterrer dès la dernière pluie. Ainsi, les graines se retrouvent en dessous de la surface du sol et protégées pendant les feux. Cela justifie également l'extrême compétitivité de cette espèce dans les zones brûlées des régions semi-arides.

Les formations a dominance de Poaceae vivaces de grande taille telles que celles à *Andropogon gayanus* produisent une phytomasse importante qui peut générer des feux très intenses préjudiciables aux ligneux surtout lorsque le feu est tardif.

3.3. La coupe sélective

La coupe sélective n'a pas eu d'effet significatif sur la biomasse totale durant les neuf ans de l'étude. Le fait que certaines espèces sont favorisées et d'autres défavorisées par la coupe a dû contrebalancer l'effet sur la biomasse totale. La coupe d'arbres est supposée augmenter la production herbacée en réduisant la compétition pour l'eau et les nutriments et en augmentant l'accès à la lumière de la strate herbacée (Frost *et al.*,1986). Gambiza *et al.*, (2000) ont observé une augmentation de la production herbacée suite à une coupe d'arbres en zone non pâturée.

Cela pourrait ne pas se vérifier en zone semi-aride où la régénération des arbres se fait essentiellement par voie végétative. La réponse compensatrice de la croissance des rejets de souche et des drageons pourraient augmenter la compétition pour l'eau et les nutriments en défaveur de la strate herbacée. Des espèces comme *Detarium microcarpum* et *Entada africana* qui sont abondantes sur les deux sites réagissent à la coupe en donnant de nombreux rejets de souches et drageons qui ont besoin de plus de nutriments pour leur croissance. En outre, la coupe a été réalisée une seule fois en 1993. La reconstitution progressive du couvert ligneux pendant les 9 années de la période d'étude pourrait avoir annihilé une augmentation éventuelle de la production herbacée durant les premières années après la coupe. De plus, la coupe ayant été légère, n'a certainement pas ouvert le couvert ligneux de manière suffisante pour permettre un développement substantiel de la strate herbacée. En effet, le nombre de tiges exploitables (c.-à-d. de circonférence supérieure ou égale à 10 cm à la base) des arbres ne représente qu'environ 10 % du nombre total de tiges sur l'ensemble des dispositifs. Une coupe rase aurait sans doute produit plus d'effet sur la strate herbacée que la coupe sélective appliquée dans notre cas.

Conclusion

La pâture a contribué à diminuer la biomasse totale herbacée sur les neuf années d'étude. Par contre, le feu précoce et la coupe sélective n'ont pas influencé significativement ce paramètre sur les deux sites.

En considérant les formes biologiques, le feu précoce a favorisé le développement des Poaceae annuelles et inhibé celui des vivaces.

La réaction des espèces herbacées au feu et à la pâture a été fonction du site et de la forme biologique. Le feu a favorisé le développement de *Loudetia togoensis* sur les deux sites ; par contre, la pâture et le feu précoce ont contribué à diminuer la biomasse de *Andropogon gayanus* sur les deux sites.

La coupe sélective a contribué à augmenter la biomasse des Poaceae annuelles surtout à Tiogo.

IV. INFLUENCE DE LA CHARGE ANIMALE ET DU FEU PRECOCE SUR LA PHYTOMASSE HERBACEE ET LES CARACTERISTIQUES PHYSICO-CHIMIQUES DU SOL

1. Matériel et méthode

Cette étude est conduite sur le dispositif expérimental de la forêt classée de Tiogo. L'objectif principal est de rechercher la charge optimale de bétail qui n'altère pas et au mieux améliore les propriétés physico-chimiques du sol et la production végétale d'un pâturage. En effet, bien qu'estimée modérée (Sawadogo et al, 2002), la pâture libre telle que pratiquée dans la forêt classée de Tiogo ne permet pas de quantifier le bétail qui pâture sur le dispositif ainsi que le temps de pâture. Il s'avère alors difficile de mesurer l'impact réel des animaux sur la végétation et le sol afin de faire des recommandations sur une charge optimale d'animaux. C'est pour pallier cette lacune qu'en janvier 2003, une expérimentation de courte durée a été conduite sur la partie ouverte à la pâture du dispositif de Tiogo. Il s'agit de moduler la charge animale (nombre d'animaux) sur un espace donné ainsi que le temps de pâture. Ainsi, chacun des quatre blocs du dispositif préalablement pâturés est clôturé avec du fil de fer barbelé. Les parcelles sont sous-clôturées afin d'obliger les animaux à pâturer dans les parcelles non brûlées où la nécromasse gêne la pâture. En effet, les animaux préfèrent pâturer sur les pare-feu et les parcelles brûlées annuellement où l'herbe est plus verte et plus accessible en début de saison pluvieuse. Un nombre de bovins variable en fonction du bloc est autorisé à pâturer dans chaque bloc. Ainsi, pour simuler l'intensité de pâture, des lots de 20, 40, 60 et 80 bovins de poids moyen de 280 Kg sont autorisés à pâturer dans les différents blocs. Ce sont des zébus appartenant aux éleveurs du village de Tiogo. Le temps de pâture est de 4 heures par jour pendant 10 jours par mois de juin à septembre (saison pluvieuse). Cet intervalle de temps est déterminé de sorte à permettre à la végétation de se régénérer après le passage des animaux. Cinq (5) traitements d'intensité de pâture sont ainsi appliqués (Figure 14) :

G0 = Pas de pâture : constitué par les parcelles des blocs soustraites au pâturage depuis 1992.

GI = Pâture légère (20 zébus), appliquée au Bloc I

GII = Pâture modérée (40 zébus), appliquée au bloc II

GIII = Pâture intensive (60 zébus), appliquée au bloc III

GIV = Pâture très intensive (80 zébus), appliquée au bloc IV.

1.1. Paramètres mesurés

a) Sur la végétation

La phytomasse herbacée et le recouvrement de la strate herbacée sont évalués sur les différentes parcelles au mois d'octobre. Les méthodes employées sont celle de la coupe intégrale et celle des points quadrats de Daget et Poissonet (1971). L'impact de l'intensité de pâture sur la phytomasse herbacée est estimé en comparant la

148

production herbacée des parcelles pâturées à celle des parcelles non pâturées.

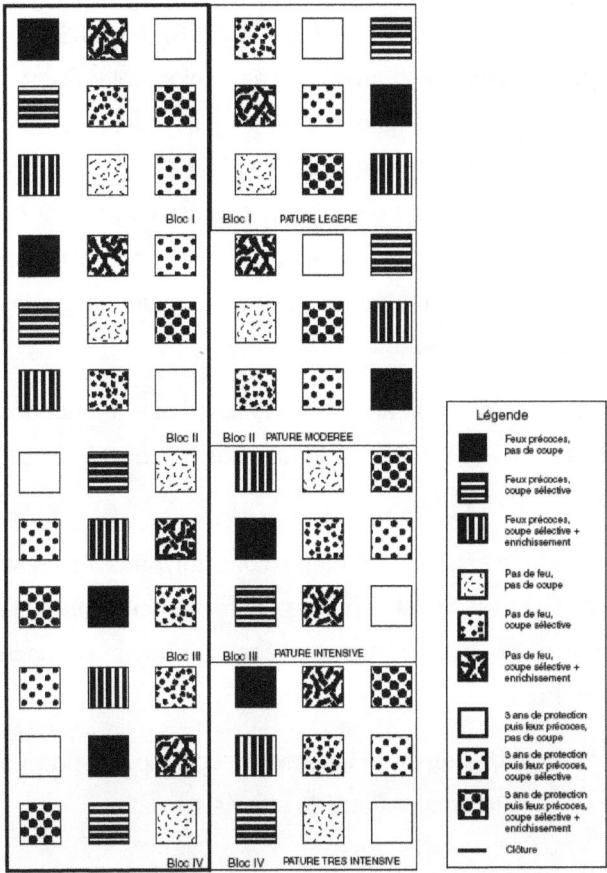

Figure 14 : Répartition des différentes charges animales sur le dispositif de Tiogo.

a) Sur le sol
- mesures d'infiltration

Deux infiltromètres à double anneaux sont utilisés pour mesurer la vitesse d'infiltration de l'eau dans le sol (Bouwer, 1896) (Photo 3). La vitesse d'infiltration correspond à la quantité d'eau qui pénètre dans le sol par unité de surface et par unité de temps. Les diamètres des anneaux intérieurs et extérieurs sont de 30 cm et 50 cm pour le premier infiltromètre ; 28 cm et 53 cm pour le second. La hauteur de chaque anneau est de 25 cm. Les mesures d'infiltration sont faites sur quatre points pris au hasard sur chaque parcelle dans chaque bloc afin d'avoir une valeur moyenne fiable.

De l'eau est versée dans les deux anneaux. Comme l'eau a tendance à s'échapper sur les côtés, l'anneau extérieur sert de barrière pour canaliser l'eau en infiltration verticale.

Pendant que le niveau d'eau est maintenu constant dans l'anneau extérieur par ajout d'eau au fur et à mesure que celle-ci s'infiltre, la lecture de l'infiltration se fait de manière continue dans l'anneau intérieur jusqu'à saturation.

Les données de l'infiltration servent à estimer le degré de compaction du sol en fonctions des différents niveaux de charge animale.

Photo 3 : Mesure de l'infiltration à Tiogo à l'aide de l'infiltromètre à double anneaux.

- analyses physiques et chimiques

Après les mesures d'infiltration, quatre échantillons de sol sont prélevés sur chaque parcelle à des endroits pris au hasard. Le prélèvement est fait sur la fraction 0-10 cm du sol à l'aide d'un cube métallique de 10 cm de côté ouvert sur les deux côtés. Les quatre échantillons de chaque parcelle sont mélangés et séchés à l'air ambiant. Un échantillon composite est par la suite prélevé, mis en sachet et envoyé pour analyses au Bureau National des Sols (BUNASOL) à Ouagadougou.

Ainsi, les différents paramètres physiques et chimiques du sol déterminés selon les méthodes standard d'analyse de sols sont :

- la proportion des différentes tailles de particules du sol selon Day (1965) ;

- la densité apparente du sol par la méthode de Blake (1965) ;

- le pH_{H2O} du sol ;

- L'Azote total (Ntot) par la méthode de Kjeldahl ;

- la matière organique selon Walkley et Black (1934) ;

- le Potassium (K), le Calcium (Ca), le Magnésium (Mg) assimilables sont extraits en utilisant l'absorption atomique spectrométrique ;

- le Phosphore assimilable est dosé en utilisant un extrait de Bray-1 décrit par Olsen et Dean (1965).

1.2. Analyses statistiques

Les données sont analysées en utilisant le modèle linéaire général (GLM) suivant :

$$Y_{ij} = \mu + G_i + F_i + GF_{ij} + e_{ij}$$

Y_{ij} est la variable explicative pour la biomasse herbacée, le recouvrement herbacé ou la vitesse d'infiltration respectivement ; μ est la moyenne globale ; G_i est l'effet de la pâture ; F_i est l'effet du feu ; e_{ij} est l'erreur de mesure.

Des différences significatives au seuil p<0,05 sont recherchées avec le test de comparaison multiple de Tukey. Une analyse dite de projection partielle de moindres carrés aux structures latentes est faite à l'aide du logiciel SIMCA en utilisant les résultats du laboratoire avec les traitements (pâture, feu) afin de détecter le degré d'influence de chacune des composantes principales (traitements, paramètres physiques et chimiques du sol) sur l'infiltrabilité. Les vitesses d'infiltration mesurées sont ajustées au modèle développé par Philip (1957) :

$$I(t) = st^{1/2} + At \quad \text{dérivé en} \quad i(t) = \frac{1}{2}st^{-1/2} + A$$

I représente le volume cumulé d'eau infiltré au temps t par unité de surface du sol ; i représente l'infiltrabilité équivalant au volume d'eau entrant une unité de surface du sol par unité de temps ; s est appelé sorptivité. Quand t s'approche de l'infini, la vitesse d'infiltration décroit jusqu'à sa valeur asymptotique $i(\infty) \approx A$. A est la vitesse d'infiltration stable qui correspond à la conductivité hydraulique de la partie supérieure du sol.

2. Résultats

2.1. Richesse spécifique et couverture végétale herbacées

Au début de l'étude en 2003, sur l'ensemble des parcelles du dispositif de Tiogo, la richesse spécifique moyenne des herbacées était de 49 espèces réparties dans 38 genres et 23 familles. On dénombrait en fonction des formes biologiques 18 Poaceae annuelles, 5 Poaceae vivaces et 26 phorbes (Tableau XIX).

tre à double anneaux.

Tableau XIX : Nombre d'espèces herbacées par formes biologiques en fonction des 4 niveaux de charges animales et des 2 traitements de feu à Tiogo.

Forme biologique	Feu					Pas de Feu				
	Niveaux de pâture					Niveaux de pâture				
	G0	GI	GII	GIII	GIV	G0	GI	GII	GIII	GIV
Vivaces	4	2	3	2	1	3	1	3	2	3
Annuelles	8	11	7	10	10	4	7	4	5	4
Phorbes	7	5	6	4	6	9	2	9	4	2
Total	19	18	16	16	17	16	10	16	11	9

G0 = Pas de pâture, GI = Pâture légère, GII = Pâture modérée GIII = Pâture intensive, GIV = Pâture très intensive.

La richesse spécifique est en général plus élevée dans les parcelles subissant un feu précoce annuel que dans celles protégées du feu.

Bien qu'une relation évidente n'existe pas entre le niveau de pâture et la richesse spécifique, il y a néanmoins une diminution de la richesse spécifique des parcelles à pâture intense (GIII) et à pâture très intense (GIV) par rapport à celles non pâturées (G0). La diminution de la richesse spécifique entre le témoin (G0) et le niveau extrême de pâture (GIV) est plus accentuée sur les parcelles non brûlées (44 %) que sur celles brûlées annuellement (10 %). Le niveau de pâture influe sur les contributions spécifiques des différentes espèces herbacées (Tableau XX).

Tableau XX : Contributions spécifiques (%) des principales espèces herbacées en fonction du niveau de pâture et du traitement de feu. G0 = Pas de pâture, GI = Pâture légère, GII = Pâture modérée GIII = Pâture intensive, GIV = Pâture très intensive.

Niveau Pâture	Feu Espèces et sols nus	FB	CS (%)	Pas de Feu Espèces et sols nus	FB	CS (%)
G0	*Andropogon gayanus*	Gv	34,10	*Andropogon gayanus*	gv	43,30
	Andropogon fastigiatus	Ga	26,05	*Rottboellia exaltata*	ga	40,65
	Euclasta condylotricha	Ga	25,71	*Chasmopodium caudatum*	ga	10,44
	Autres espèces		0,14	Autres espèces		0,61
	Sols nus		14	Sols nus		5

Tableau XX (suite)

Niveau Pâture	Feu Espèces et sols nus	FB	CS (%)	Pas de Feu Espèces et sols nus	FB	CS (%)
GI	*Euclasta condylotricha*	Ga	17,03	*Pennisetum pedicellatum*	ga	75,00
	Schizachyrium platiphyllum	Ga	11,85	*Borreria stachydea*	H	5,77
	Andropogon gayanus	Gv	11,85	*Andropogon gayanus*	gv	4,80
	Autres espèces		48,27	Autres espèces		0,43
	Sols nus		11	Sols nus		14
GII	*Andropogon gayanus*	Gv	28,75	*Andropogon gayanus*	gv	54,81
	Crinum ornatum	H	15,00	*Andropogon ascinodis*	gv	14,81
	Schizachyrium platiphyllum	Ga	12,5	*Chasmopodium caudatum*	ga	5,92
	Autres espèces		3,75	Autres espèces		17,46
	Sols nus		40	Sols nus		7

Tableau XX (suite)

Niveau Pâture	Feu Espèces et sols nus	FB	CS (%)	Pas de Feu Espèces et sols nus	FB	CS (%)
GIII	Andropogon pseudapricus	Ga	29,92	Pennisetum pedicellatum	ga	40,54
	Euclasta condylotrichia	Ga	29,13	Schizachyrium exile	ga	13,51
	Loudetia togoensis	Ga	11,02	Aspilia bussei	H	10,81
	Autres espèces		17,93	Autres espèces		19,14
	Sols nus		12	Sols nus		16
GIV	Andropogon pseudapricus	Ga	35,61	Andropogon gayanus	gv	48,72
	Andropogon gayanus	Gv	15,06	Andropogon pseudapricus	ga	17,95
	Borreria stachydea	H	8,21	Andropogon ascinodis	gv	15,38
	Autres espèces		14,12	Autres espèces		5,95
	Sols nus		27	Sols nus		12

Avec ou sans feu, le taux de recouvrement des herbacées et la proportion de sols nus n'évoluent pas proportionnellement en fonction du niveau de pâture. Néanmoins, la proportion de sols nus est plus élevée dans les parcelles très intensément pâturées comparativement au témoin (non pâturé) quelque soit le traitement de feu. On note une prédominance des espèces sciaphiles telles que *Rottboellia exaltata, Chasmopodium caudatum, Pennisetum pedicellatum* dans les parcelles protégées du feu. En zone brûlée, le taux de recouvrement des phorbes est plus élevé sur les parcelles pâturées modérément (15 %), très intensément pâturées (10,8 %) et légèrement pâturées (5,8 %).

2.2. Impact du feu et du niveau de pâture sur la phytomasse herbacée épigée

La figure 15 présente l'évolution de la phytomasse (biomasse et litière) en fonction du niveau de pâture et du traitement de feu.

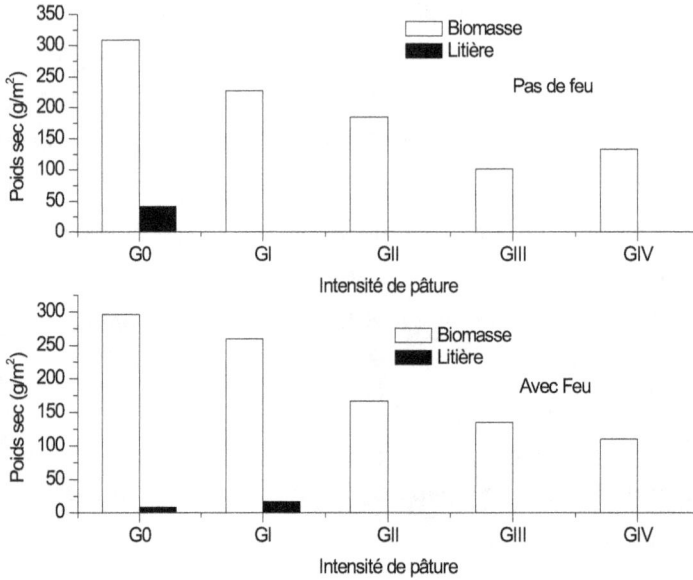

G0 = Pas de pâture, GI = Pâture légère, GII = Pâture modérée GIII = Pâture intensive, GIV = Pâture très intensive.

Figure 15 : Biomasse des herbacées et litière (g/m^2) selon le niveau de pâture sur les parcelles brûlées et non brûlées.

Le tableau XXI présente les résultats de l'ANOVA de la biomasse, de la litière et de l'infiltration en relation avec la pâture et le feu.

Tableau XXI : Valeurs p issus de l'ANOVA de la biomasse herbacée, de la litière et de l'infiltrabilité

Paramètres	Feu	Pâture	Feu x Pâture
Biomasse épigée	0,65	0,08	0,52
Litière	0,42	0,00	0,00
Infiltrabilité	0,07	0,03	0,08

Dans l'ensemble, la biomasse a tendance à diminuer proportionnellement à l'intensité de pâture (p=0,08) quelque soit le traitement de feu. Par contre, le feu précoce ainsi que l'interaction Feu x Pâture n'influencent pas significativement la biomasse des herbacées.

Sur les parcelles non pâturées, les principales espèces productives sont *Andropogon gayanus, A. ascinodis, A. pseudapricus* et *Pennisetum pedicellatum*. Ces espèces contribuent pour 48 % à la biomasse dans les parcelles brûlées et pour 65 % dans celles non brûlées.

La quantité de litière est très significativement influencée par le niveau de pâture ainsi que par l'interaction Pâture × Feu (p<0.001 dans les deux cas). Sur la zone non brûlée, la litière est présente seulement sur les parcelles non pâturées (42 gMS/m^2) alors que dans la zone brûlée on en observe sur les parcelles non pâturées et sur celles légèrement pâturées (8 gMS/m^2 et 17 gMS/m^2) (Figure 13).

2.3. Caractéristiques physico-chimiques des sols

Les caractéristiques physico-chimiques du sol en fonction du niveau de pâture et du traitement du feu sont consignées dans le tableau XXII.

Tableau XXII : Caractéristiques physico-chimiques des 10 premiers centimètres du sol selon le niveau de pâture et du traitement du feu.

Traitements	Pas de feu					Feu				
	Niveaux Pâture					Niveaux Pâture				
Eléments	G0	GI	GII	GIII	GIV	G0	GI	GII	GIII	GIV
MO (%)	1.8	1.7	1.6	1.6	1.2	1.7	1.7	1.9	1.7	1.5
Argile (%)	31.3	36.0	32.3	29.3	11.0	26.3	35.3	38.5	38.5	35.8
Limon fin (%)	15.2	16.3	15.3	16.5	8.5	15.5	16.0	16.8	16.0	16.5
Limon (%)	33.7	30.0	35.1	35.2	33.9	35.8	30.0	29.7	31.7	32.6
Sable fin (%)	6.5	5.7	2.8	6.5	15.8	8.2	6.1	5.1	4.8	5.2
Sable (%)	13.4	12.1	14.5	12.5	30.9	14.4	12.7	10.0	9.0	10.0
C. tot (%)	1.0	1.0	1.0	0.9	0.7	1.0	1.0	1.1	1.0	0.9
N (mg kg^{-1})	0.07	0.06	0.06	0.06	0.05	0.06	0.07	0.06	0.06	0.06
K (mg kg^{-1})	66.0	84.6	52.8	72.7	34.8	73.9	76.7	87.6	75.7	80.6
P. ass. (mgg^{-1})	1.1	0.8	1.0	1.5	1.6	3.0	1.0	1.4	1.9	1.8
Ca (mg kg^{-1})	881.9	119.4	908.4	737.4	395.9	901.4	887.2	964.7	891.8	816.7
Mg (mg kg^{-1})	179.2	235.7	212.6	192.5	80.4	184.8	235.5	230.8	210.7	205.1
pH	6.6	6.7	6.7	6.5	6.7	6.8	6.8	6.6	6.5	6.3
Densité (gcm^{-3})	1.4	1.4	1.4	1.4	1.5	1.4	1.4	1.4	1.4	1.4

Les cinq niveaux de pâture dans les parcelles brûlées ainsi que dans celles protégées du feu n'influencent pas significativement les caractéristiques chimiques des 10 premiers centimètres du sol.

Bien qu'il ne soit pas possible de déceler une relation linéaire entre le niveau de pâture et les valeurs moyennes des éléments chimiques du sol, on note néanmoins une différence entre les niveaux extrêmes (absence de pâture (G0) et pâture très intense (GIV) pour la plupart de ces éléments. Par exemple, entre ces deux niveaux extrêmes de pâture, la différence de taux de matière organique est de 0,6 % dans les parcelles protégées du feu et seulement de 0,2 % dans celles brûlées. Entre les mêmes niveaux de pâture, la différence de taux d'argile est de 20 % dans les parcelles non brûlées contre 9,5 % dans celles subissant le feu ; celle de limons fins est de 7 % en zone non brûlée contre seulement 1 % en zone brûlée. La différence de teneur en carbone (C) est de 0,3 % en zone non brûlée contre 0,1 % dans la partie brûlée.

En général les teneurs en azote (N) sont très faibles dans l'ensemble des parcelles (de 0,07 à 0,05 mg/kg). La plus faible teneur en azote est enregistrée dans les parcelles non brûlées subissant une pâture très intensive (GIV). La plus grande diminution de teneur en Mg est enregistrée dans la zone protégée du feu avec la valeur la plus élevée (235,7 mg/kg) en situation de pâture légère (GI) et la plus faible valeur (80,4 mg/kg) en situation de pâture très intense (GIV). Excepté dans les parcelles à niveau de pâture intense (GIII) où la densité apparente du sol est plus élevée (1,5 g/cm^3), celle-ci est de 1,4 g/cm^3

pour tous les autres traitements. Le pH du sol varie entre 6,3 et 6,9. Ces valeurs sont relativement élevées mais demeurent néanmoins en dessous de la limite de celles des sols alcalins.

2.4. Vitesse d'infiltration

L'augmentation de l'intensité de pâture entraîne une diminution de l'infiltrabilité quelque soit le traitement de feu (Tableau XXIII). La vitesse d'infiltration moyenne est plus élevée sur les parcelles protégées du feu (78,0 mm/h) que sur celles brûlées (49,2 mm/h). (Tableau XXIII).

Tableau XXIII : Vitesses d'infiltrations (mm h^{-1}) en fonction du niveau de pâture et du traitement de feu (moyennes ± Erreur standard). Les moyennes avec la même lettre en colonne ne sont pas différentes au seuil de 5 % selon le test de comparaison multiple de Tukey.

Niveau de pâture	Feu	Pas de Feu
G0 Zéro pâture	82.6±54.2a	109.7±29.9a
GI Pâture légère	51.8±23.5a	123.6±123.8a
GII Pâture modérée	49.3±13.9ab	79.5±67.2ab
GIII Pâture intensive	40.8±25.4ab	60.6±31.9ab
GIV Pâture très intensive	21.3±14.9b	16.4±10,4b
Vitesse d'infiltration moyenne	*49,2±27,5*	*78,0±70,5*

La diminution de la vitesse d'infiltration entre les niveaux de pâture extrêmes (G0 et GIV) est plus prononcée dans les parcelles protégées du feu que dans celles subissant le feu précoce. En effet, la variation de la vitesse d'infiltration est de 85 % pour les parcelles protégées du feu et de 40 % pour celles brûlées annuellement. La vitesse d'infiltration est influencée significativement par le piétinement du bétail (p=0,03) tandis que l'action du feu est moins significatif (p=0,07) (tableau XX). Les vitesses d'infiltration sur les parcelles non pâturées (G0) et légèrement pâturées (GI) sont significativement plus élevées que sur celles très intensément pâturées (GIV).

La vitesse d'infiltration en fonction du temps est la plus faible sur les parcelles très intensément pâturées (50 à 150 mm/h) quelque soit le traitement du feu (Figure 16).

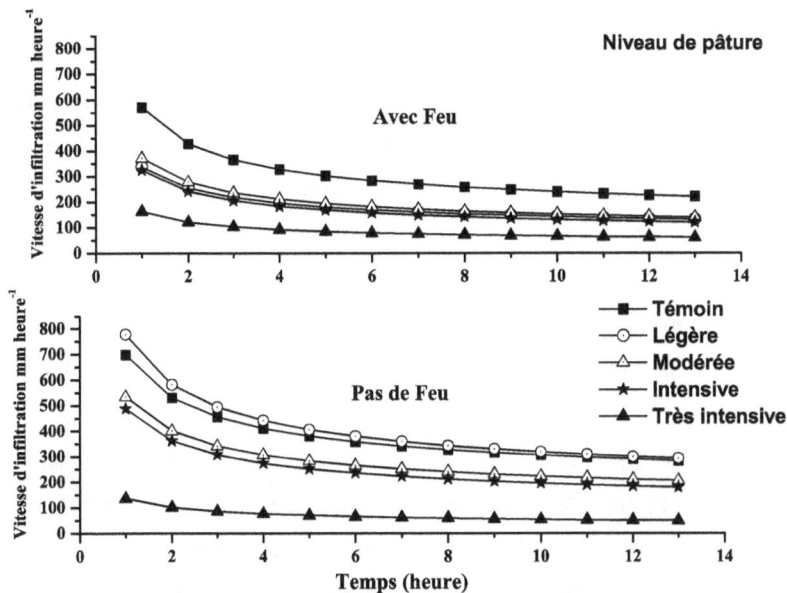

Figure 16 : Vitesses d'infiltration en fonction du temps des différents niveaux de pâture et traitements de feu.

Sur les parcelles subissant le feu, celles non pâturées enregistrent les plus grandes valeurs de vitesse d'infiltration (400 à 600 mm/h). Par contre, en l'absence de feu, la pâture légère (Gl) induit des vitesses d'infiltration équivalentes et quelques fois supérieures à celles des parcelles non pâturées (400 à 800 mm/h). Excepté dans la situation de pâture intensive, la vitesse d'infiltration est en général plus grande dans les parcelles sans feu que dans celles brûlées en feu précoce.

3. Discussion

A tous les niveaux d'intensité de pâture, la richesse spécifique des herbacés est plus élevée dans les parcelles subissant le feu précoce que dans celles protégées du feu. La litière dont la décomposition est lente en savane soudanienne, encombre l'espace et gêne la germination des herbacées dans les zones protégées du feu principalement. Le feu précoce crée des conditions favorables à la germination (Lacey *et al.*, 1982) en dégageant la litière et en rendant les matières minérales plus disponibles et par conséquent contribue à maintenir la diversité spécifique des herbacées en savane. Néanmoins, Jensen et Friis (2001) ont observé que les grandes températures générées par les feux tardifs en savane inhibaient la germination et le développement des sous-ligneux à cause de l'augmentation de la mortalité des semences. Dans notre cas, le feu précoce, en brûlant partiellement une végétation herbacée à taux d'humidité relativement élevé, est de moindre intensité et altère moins la capacité de germination des semences. Il a même dû améliorer la capacité de germination de certaines espèces nécessitant une chaleur préalable à leur germination. En effet, la germination des graines est un processus vivant, mettant en jeu des réactions biochimiques en chaîne : des enzymes découpent l'amidon mis en réserve dans les cotylédons de la graine, d'autres enzymes oxydent les glucoses obtenus et fournissent de l'énergie pour les autres réactions qui vont se produire dans la graine en train de germer. La synthèse de nombreuses molécules notamment la cellulose   nécessite ainsi beaucoup d'énergie. La vitesse de ces réactions chimiques est proportionnelle à la chaleur fournie (Baskin and Baskin, 1998).

L'abondance de certaines espèces sciaphiles telles que *Pennisetum pedicellatum, Rottboellia exaltata* dans la zone non brûlée suggère une augmentation de la couverture ligneuse en l'absence du feu et par conséquent une compétition en défaveur de la strate herbacée. La diminution de la richesse spécifique avec l'augmentation de l'intensité de la pâture pourrait être attribuée à la consommation des espèces par le bétail. En effet, plus la pâture est intensive, plus elle joue négativement sur les espèces les plus appétées. De même, certaines espèces non appétées en situation de pâture modérée se retrouvent être consommées en cas de pâture plus intensive. L'augmentation de l'intensité de pâture entraîne même une détérioration physique des sols avec une apparition de plages de sols nus impropres à l'occupation par la végétation.

La pâture en réduisant la phytomasse et la hauteur des herbes et en créant des plages nues contribue à réduire l'intensité des feux (hauteur des flammes, vitesse de progression, efficacité de brûlage). Néanmoins, l'interaction des deux traitements n'influence pas significativement la richesse spécifique de la strate herbacée dans cette étude. En effet, Archibald *et al.,* (2005) reconnaissent que le feu et la pâture sont d'importants modificateurs de la végétation mais que leur interaction sur la strate herbacée est difficile à déterminer.

D'autres facteurs tels que les variations intra- et interannuelles de la pluviosité ont un impact certain sur les composantes de la strate herbacée. En effet, Frost (1986) trouve que la composition floristique de la strate herbacée est influencée prioritairement par la variation interannuelle et à long terme de la pluviosité. Cette étude montre que l'accroissement de l'intensité de pâture entraîne une diminution de la production épigée de biomasse due au prélèvement et au piétinement. Le piétinement par le bétail lors de la pâture augmente la compaction du sol et influence négativement la productivité totale. McNaughton (1983) note que lorsque la végétation n'arrive pas à compenser suffisamment le prélèvement dû à la pâture, il s'en suit une décroissance de la productivité primaire au fur et à mesure que la pression pastorale augmente. La diminution de la litière et de la couverture végétale avec l'accroissement de l'intensité de pâture expose le sol à l'effet direct des gouttes de pluies (Russell *et al.*, 2005) et au ruissellement. Cela peut également générer des substances hydrophobiques qui peuvent réduire l'infiltrabilité (Emmerich et Cox, 1992). La température du sol tend à augmenter dû à une plus grande exposition au rayonnement solaire et cela accroit l'effet de sècheresse et d'encroûtement.

Les propriétés physiques et chimiques des 10 premiers centimètres du sol, pris dans un échantillon composite, ne sont pas influencées par les traitements. Ces résultats sont en phase avec d'autres travaux (Raison, 1979 ; Menaut *et al.*, 1992, Dembele *et al.*, 1997) qui n'ont pas trouvé d'effet cumulatif ou direct du feu sur le sol. Des expérimentations sur le long terme ont révélé que le feu n'avait pas un effet notable sur le carbone du sol (Trapnell *et al.*, 1975). Une expérimentation sur l'impact des feux fréquents dans le Cerrado brésilien (Roscoe *et al.*, 2000) a révélé qu'il n'y avait pas de différence dans le stock de carbone et d'azote dans le premier mètre du sol après 21 ans d'expérimentation. D'autres études cependant (Bird *et al.*, 2000 ; Parker *et al.*, 2001) ont trouvé que la matière organique du sol tendait á diminuer dans les sols soumis à des feux fréquents. Le fait que nos résultats diffèrent des précédents pourrait être dû à l'échantillonnage composite du sol sur les premiers 10 cm du sol qui a pu masquer les effets sur les premiers centimètres. En effet, une étude de l'influence du feu sur le sol dans la savane sud africaine a montré que l'effet du feu sur les propriétés physico-chimiques du sol était plus marqué sur la couche 0-1 cm (Mills et Fey (2004). Ces résultats montrent l'importance des premiers centimètres du sol par rapport à la dynamique des éléments nutritifs du sol dans les pâturages (Snyman, 2005).

La réduction de la phytomasse épigée par le bétail conduit à une réduction de l'intensité du feu. Ceci est en concordance avec Gonzales-Perez *et al.* (2004) qui trouvent que l'effet du feu sur le sol dépend de son intensité, l'humidité du sol et la nature du combustible. Le peu de changement de certaines propriétés physico-chimiques du sol observé dans notre étude pourrait être également attribuée à la faible quantité d'énergie engendrée par le feu précoce transférée dans les couches inférieures du sol. DeBano *et al.* (1998) ont attribué l'influence du feu sur la matière organique et les autres propriétés physico-chimiques du sol à l'augmentation de la température induite par l'émission de la chaleur. Dans notre étude, nous avons observé la formation de croûtes sur certains endroits des parcelles brûlées. Des observations similaires ont été faites dans les savanes sud africaines où les feux fréquents tendaient à occasionner un encroûtement du sol, à augmenter le ruissellement, à réduire la matière organique du sol et la stabilité des agrégats ainsi que la porosité du sol et la vitesse d'infiltration (Mills et Fey, 2004).

La présente étude montre que le feu précoce a seulement tendance à réduire la vitesse d'infiltration. Bien que le feu ait été répété sur 11 années consécutives, seulement de légères différences sont observées. Certaines études cependant trouvent une variation de l'infiltrabilité après un seul feu de brousse tardif (Snyman, 2003). Dans notre expérimentation, l'intensité du feu est difficile à contrôler à cause de l'hétérogénéité spatiale du combustible (distribution spatiale en mosaïque de la végétation de savane). Ainsi, la variation spatiale de la quantité de combustible résulte en une variation des effets du feu sur le sol difficilement discernables dans un échantillonnage composite, spécialement quand il s'agit de l'infiltrabilité.

L'impact négatif du feu sur l'infiltrabilité est sans doute dû au fait qu'il dénude le sol en consumant la phytomasse. Cela expose le sol à l'action directe des gouttes de pluies (Moyo *et al.*, 1998) et au rayonnement solaire conduisant à un encroûtement (Mills et Fey, 2004). L'action mécanique des gouttes de pluies augmente la

172

dispersion de l'argile et entraîne le blocage des pores et réduit ainsi la vitesse d'infiltration de nombreux types de sols y compris ceux relativement pauvres en argile (Hillel, 2004).

Au niveau de notre site d'étude, l'encroûtement pourrait être attribuable à la faible teneur en matière organique qui probablement réduit la stabilité des agrégats du sol. Un autre facteur qui influe sur la vitesse d'infiltration est l'accroissement de la température du sol au moment du feu ; en effet, la combustion des herbacés en savane peut générer des températures de l'ordre de

700 °C (Van de Vijver, 1999).

La pâture influence significativement l'infiltrabilité. Les parcelles légèrement pâturées ont des vitesses d'infiltration relativement élevées, démontrant ainsi l'importance de la pâture sur la structure du sol. De nombreuses études ont trouvé des résultats similaires (Mwendera et Saleem, 1977b, Rietkerk et al., 2000). Sur notre site d'étude, la charge animale a été estimée à 0,7 UBT/ha pendant 10 ans avant le démarrage de cette expérimentation de courte durée pendant la saison pluvieuse. La pâture résulte en une action de pression mécanique par les sabots des animaux contribuant à altérer la structure du sol par la compaction et la réduction de la porosité. L'effet de compaction du sol est plus grand quand le sol est humide (Warren et al., 1986). Ceci est d'autant plus vrai dans notre cas, puisque l'expérimentation se déroule en saison pluvieuse. L'accroissement supplémentaire de la charge animale pendant l'expérimentation par

173

rapport à la pâture libre d'antan a contribué certainement à accroître la compaction du sol. A l'instar du feu, la pâture contribue à réduire le taux d'infiltration par la réduction de la couverture végétale et de la quantité de matière organique dans les couches supérieures du sol spécialement dans les conditions de charges élevées (Mwendera *et al.*, 1977). La décroissance de la matière organique du sol aura pour conséquence de réduire la macro-porosité du sol et par conséquent l'infiltrabilité (Stroosnidjer, 1996). La réduction de la vitesse d'infiltration pourrait être due à la réduction de l'activité de la macrofaune du sol (termites, vers de terre et fourmis). L'activité de la macrofaune du sol est reconnue être un agent important qui influence l'encroûtement du sol. Elle améliore les propriétés physiques du sol et contribuent considérablement à accroître la vitesse d'infiltration dans les écosystèmes saisonniers en zone sèche (de Rouw et Rajot, 2004). La vitesse d'infiltration relativement élevée enregistrée dans les parcelles à pâture légère (GI) ne subissant pas le feu pourrait être attribuée à une meilleure décomposition de la litière accumulée par un piétinement modéré. En outre, le dépôt de fèces pourrait améliorer l'activité de la microfaune et de la macrofaune qui résulterait en une augmentation de la porosité du sol et donc à une meilleure infiltrabilité.

La vitesse d'infiltration relativement basse en zone non pâturée pourrait être due à l'encroûtement du sol qui gênerait l'infiltration de l'eau. L'exclusion de la pâture en zone aride (où le taux de décomposition de la matière organique est faible) conduit à l'apparition de plages nues encroutées qui réduisent considérablement la capacité

174

d'infiltration des sols (Casenave et Valentin, 1992). Ces résultats sont confirmés par d'autres travaux qui ont montré que le piétinement et la compaction affectent négativement l'hydrologie du sol seulement dans des conditions d'extrêmes charges de bétail. Des charges légères à modérées contribueraient à améliorer le taux d'infiltration en démantelant la croute des sols (Hiernaux *et al.,* 1999). L'infiltrabilité élevée dans les parcelles témoins (non pâturées et non brûlées) pourrait être attribuée à la création et au maintien de macropores (galeries des termites) qui constituent les voies par lesquelles l'eau s'infiltre dans le sol. De même, l'infiltration y est améliorée grâce au système racinaire des ligneux plus abondant.

Conclusion

Le nombre d'espèces herbacées est plus grand dans les parcelles brûlées que dans celles protégées du feu quelque soit l'intensité de pâture. Néanmoins, il y a une diminution de la richesse spécifique avec l'augmentation de l'intensité de la pâture.

Les propriétés physiques et chimiques des 10 premiers centimètres du sol, pris dans un échantillon composite, ne sont pas influencées par les traitements.

Le feu contribue à diminuer la vitesse d'infiltration de l'eau quelque soit le niveau d'intensité de pâture.

La vitesse d'infiltration diminue avec l'augmentation de l'intensité de pâture. Néanmoins, une pâture légère améliore l'infiltrabilité par rapport à l'absence de pâture, démontrant ainsi l'importance de la pâture sur la structure du sol.

V. CARACTERISTIQUES DU COMBUSTIBLE ET DU COMPORTEMENT DU FEU PRECOCE EN RELATION AVEC LA PATURE ET LE TYPE DE VEGETATION HERBACEE DOMINANT

1. Méthode d'étude

1.1. Dispositif expérimental et protocole de brûlage.

L'étude est conduite sur le dispositif expérimental de la forêt classée de Tiogo à la fin de la saison hivernale de 2006. Nous avons examiné l'effet de la pâture (avec ou sans), le type de végétation herbacée dominant (annuelles ou vivaces) et la direction du vent (feu allumé dans le sens ou en sens opposé) sur les paramètres du comportement du feu. Les traitements sont appliqués sur 32 parcelles carrées de 2500 m² chacune. (Figure 17). L'objectif est de mieux caractériser l'exécution du feu précoce.

Afin d'étudier l'influence de la pâture, la moitié des parcelles (16) est sélectionnée sur la partie clôturée et l'autre moitié sur la zone librement pâturée. Comme sur la plupart des parcelles de 50 m × 50

176

m la strate herbacée se présente sous forme de mosaïques de vivaces et d'annuelles, les expérimentations du feu sont réalisées sur des placettes de 20 m × 20 m délimitées au sein de ces parcelles sélectionnées afin d'avoir des types de végétations herbacées homogènes. Ainsi, sur les 16 placettes de chaque partie (clôturée et pâturée), 8 sont à herbacées vivaces et les 8 autres sont dominées par des herbacées annuelles. Chaque placette est entourée d'un pare-feu de 10 m de large.

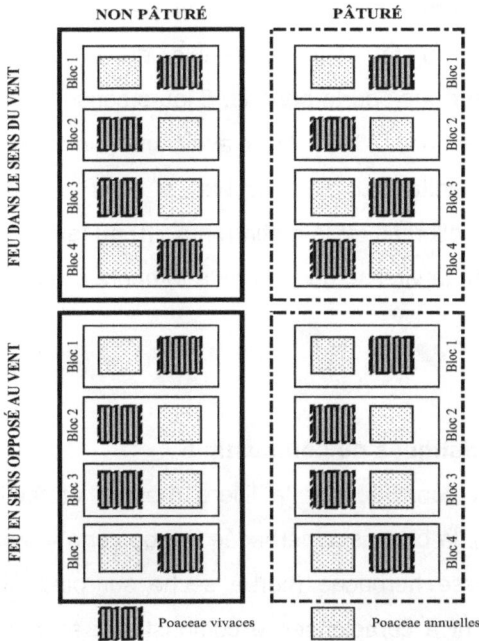

Figure 17 : Plan du dispositif pour l'étude du comportement du feu à Tiogo.

Deux types de feu en fonction de la direction du vent sont expérimentés. Ainsi, la moitié des placettes est brûlée dans le sens du vent et l'autre moitié contre le sens du vent. Des perches métalliques graduées de 6 m de haut sont placées tous les 5 m sur les deux côtés de chaque placette afin d'aider à mesurer avec plus de précision la vitesse de progression du feu.

Le feu est allumé le long d'un côté de la placette (selon la direction du vent) de manière à avoir une progression linéaire sur l'ensemble de la placette. 5 à 8 ouvriers sont positionnés sur les pare-feu afin de surveiller la progression du feu sur l'ensemble de la placette. L'expérimentation a lieu sur une courte période, 5 jours consécutifs du 30 novembre au 4 décembre 2006 afin d'avoir un minimum de variation de taux d'humidité du combustible et des variables climatiques. Les feux sont allumés tôt le matin (5h à 7h) ou tard le soir (17h à 19h) au moment où la vitesse du vent et la température de l'air sont minimales.

1.2. Mesure des caractéristiques du combustible

Le combustible est constitué par la litière (herbes et feuilles mortes des arbres au sol), la biomasse herbacée (herbe verte toujours sur pied) et la nécromasse herbacée (herbe sèche sur pied). Les variables suivantes servent à caractériser le combustible : sa masse (kg /m^2), son taux d'humidité (%), le taux de recouvrement de la végétation herbacée (%) et sa hauteur (cm). Ces variables sont mesurées avant et après le feu afin d'estimer le taux de brûlage. Afin d'estimer la masse de combustible, six carrés de 1 m^2 sont délimités sur chaque placette à brûler. Chaque carré est divisé en 4 parties. Le combustible est récolté sur les deux parties diagonales du carré avant l'allumage du feu afin de déterminer la masse de combustible avant le passage du feu. La récolte du combustible résiduel après le feu sur la moitié restante permet d'estimer la quantité de combustible consumée. Le combustible avant feu et après feu subit un tri manuel en ses différentes composantes (litière, biomasse et nécromasse). Chaque fraction est pesée. Trente deux (32) échantillons de chaque composante sont prélevés pour la détermination de la matière sèche par séchage à l'étuve à 80 °C jusqu'à poids constant. La masse de combustible est alors exprimée en matière sèche. La hauteur de la strate herbacée est mesurée à l'aide d'une perche graduée de 6 m. La méthode des points quadrats de Daget et Poissonet (1971) est utilisée pour la détermination du taux de recouvrement de la strate herbacée.

1.3. Paramètres climatiques

Pendant le brûlage de chaque placette, la vitesse du vent, la température et l'humidité de l'air ambiant sont enregistrées à chaque minute. La vitesse du vent et la température de l'air sont enregistrées en utilisant un anémomètre manuel comportant un lecteur de température intégré (Model Sylva ADC Summit, Switzerland).

L'humidité relative de l'air est enregistrée à l'aide d'un thermo-hygromètre électronique (Model S-631 07 Termometerfabriken, Sweden). Une moyenne des valeurs des variables mesurées durant le parcours du feu est calculée par placette.

1.4. Paramètres du comportement du feu

Les paramètres suivants servent à caractériser le comportement du feu : le taux de combustion de la phytomasse, la vitesse de progression du feu, l'intensité du feu et la hauteur des flammes. Le taux de combustion de la phytomasse est obtenu en faisant la différence entre les masses de combustible avant et après le passage du feu. La vitesse de progression du feu est obtenu en enregistrant le temps mis par le front du feu entre les perches graduées placées tous les 5 m sur les côtés de chaque placette. Une moyenne est calculée sur l'ensemble de chaque placette. L'intensité du feu est calculée en utilisant l'équation de Byram (1959) : $I = H \times w \times r$, où I est l'intensité du feu ($KJs^{-1}m^{-1}$) ; w est la masse de combustible consommée par unité de surface (kg/m^2) ; r est la vitesse de progression (ms^{-1}). Pour calculer l'intensité du feu, nous avons adopté les valeurs de quantité de chaleur (H) libérées lors de la combustion des herbacés pendant un feu brûlant dans le sens et contre le sens du vent estimées respectivement à 16 890 kJ kg^{-1} et 17 781 kJ kg^{-1} (Trollope, 1983). La hauteur des flammes est mesurée verticalement par rapport à la surface du sol. Les poteaux placés tous les 5 m de chaque côté de la placette, outre la vitesse de progression, servent à estimer la hauteur des flammes.

Chaque flamme est photographiée contre les perches graduées pour une comparaison ultérieure avec les valeurs de hauteurs de flamme lues pendant la progression du feu.

1.5. Temps de rémanence et température du feu

Le temps de rémanence correspond au laps de temps où la température du feu est au dessus de 60 °C. La température au dessus de 60 °C est considérée létale pour les tissus végétaux (Daniell *et al.*, 1969).

Afin de vérifier si la température maximale et le temps de rémanence varient en fonction d'un gradient de hauteur au dessus et en dessous du sol, les températures sont enregistrées pendant le feu à différentes profondeurs et hauteurs à l'aide de senseurs placées en dessous de la surface du sol à -10 cm, -5 cm et -2 cm, à la surface du sol (0 cm) et au dessus du sol à 20 cm, 50 cm, 150 cm, 300 cm et 500 cm. Ils permettent ainsi de mesurer la température du feu à 9 niveaux de hauteur. Les senseurs utilisés sont des câbles conçus spécialement pour pouvoir supporter des températures de plus de 700 °C sans se détériorer. Ils sont reliés à un Datalogger MinCube comportant 10 sorties de mesures de type K (Model VC, Environmental Measuring Systems, BRNO, Czech Republic) (Photo 4). Chaque senseur mesure 30 m pour permettre de placer le datalloger suffisamment loin pour qu'il ne soit pas endommagé par le feu. Le datalogger est programmé pour enregistrer les températures toutes les 5 secondes. Pour chaque placette brûlée, la température maximale enregistrée par chaque senseur (de -10 cm à 500 cm) est considérée lors de l'analyse des données. La série de mesures réalisée par chaque senseur est utilisée pour calculer le temps de rémanence.

Photo 4 : Dispositif de mesure de la température du feu avec les senseurs et le Datalogger MinCube.

1.6. Analyses statistiques

Les effets de la pâture (G_i), du type de végétation (V_j), de la direction du vent (W_k), de la position du senseur (P_l) et leurs interactions sur les caractéristiques du combustible avant le feu (équation 1), les paramètres de comportement du feu (équation 2), la température maximale du feu et le temps de rémanence (équation 3)

182

sont soumis à une analyse de variance en utilisant les Modèles Linéaires Généraux (GLM) suivant :

$$Y_{ijm} = \mu + G_i + V_j + G_iV_j + e_{ijm} \qquad (1)$$

$$Y_{ijkm} = \mu + G_i + V_j + W_k + G_iV_j + G_iW_k + V_jW_k + G_iV_jW_k + e_{ijkm}$$
$$(2)$$

$$Y_{ijklm} = \mu + G_i + V_j + W_k + P_l + G_iV_j + G_iW_k + G_iP_l + V_jW_k + V_jP_l + W_kP_l$$

$$+ G_iV_jW_k + G_iV_jP_l + G_iW_kP_l + V_jW_kP_l + G_iV_jW_kP_l + e_{ijklm} \qquad (3)$$

Des comparaisons multiples par le test de Tukey au seuil de 5 % sont faites pour détecter des différences entre les différentes positions des senseurs. Des analyses de corrélation sont faites pour examiner les relations existantes entre les paramètres de comportement du feu, les caractéristiques du combustible et les données climatiques.

2. Résultats

2.1. Impact de la pâture sur les paramètres du combustible

La pâture influence diversement les différents paramètres du combustible mesurés avant le feu. Ainsi, la hauteur de la végétation (p=0,002), la quantité totale de combustible (p=0,0001), la nécromasse (p=0,001) et la biomasse (p=0,001) sont significativement réduites par la pâture (Tableau XXIV).

Dans tous les traitements de pâture, les paramètres des herbacées telles que la hauteur moyenne, la quantité totale de combustible ainsi que la biomasse ont des valeurs significativement plus grandes sur les parcelles à Poaceae vivaces que sur celles à Poaceae annuelles. L'interaction pâture et forme biologique des herbacées influencent significativement la quantité de litière (p=0,002) et la biomasse (p=0,001).

Les plus grandes quantités de litière sont enregistrées sur les parcelles non pâturées à Poaceae annuelles (Figure 18). Les quantités de nécromasse sont plus élevées sur les parcelles non pâturées quelque soit la forme biologique des herbacées. La quantité de biomasse des Poaceae vivaces des parcelles non pâturées est le triple de celle des parcelles pâturées.

Tableau XXIV : Effets principaux du pâturage et du type de végétation sur les caractéristiques du combustible avant feu (moyenne ± erreur standard).

Paramètres du Combustible	Traitements de pâture		Forme biologique	
	Pâturé	Non pâturé	Annuelles	Vivaces
Hauteur végétation (cm)	122.71 ± 16.25*	170.21 ± 21.21	84.58 ± 4.28*	208.33 ± 16.14
Taux de recouvrement (%)	92.06 ± 5.86	82.31 ± 5.16	82.13 ± 7.17	92.25 ± 3.05
Poids litière (kg m^{-2})	0.20 ± 0.01	0.24 ± 0.025	0.24 ± 0.02	0.20 ± 0.01
Poids nécromasse (kg m^{-2})	0.14 ± 0.02*	0.24 ± 0.02	0.21 ± 0.02	0.17 ± 0.03
Poids biomasse (kg m^{-2})	0.09 ± 0.028*	0.25 ± 0.08	0.00 ± 0.00*	0.34 ± 0.06
Poids total combustible (kg m^{-2})	0.42 ± 0.034*	0.73 ± 0.07	0.45 ± 0.04*	0.70 ± 0.07
Taux humidité litière (%)	4.69 ± 2.27	3.99 ± 2.46	4.24 ± 2.17	4.44 ± 2.55
Taux d'humidité nécromasse (%)	6.95 ± 2.93	3.68 ± 1.76	2.60 ± 1.00	8.02 ± 3.17
Taux humidité biomasse (%)	19.95 ± 6.14	27.48 ± 6.64	0.00 ± 0.00*	43.26 ± 3.94

* Effet significatif à $p < 0.05$

185

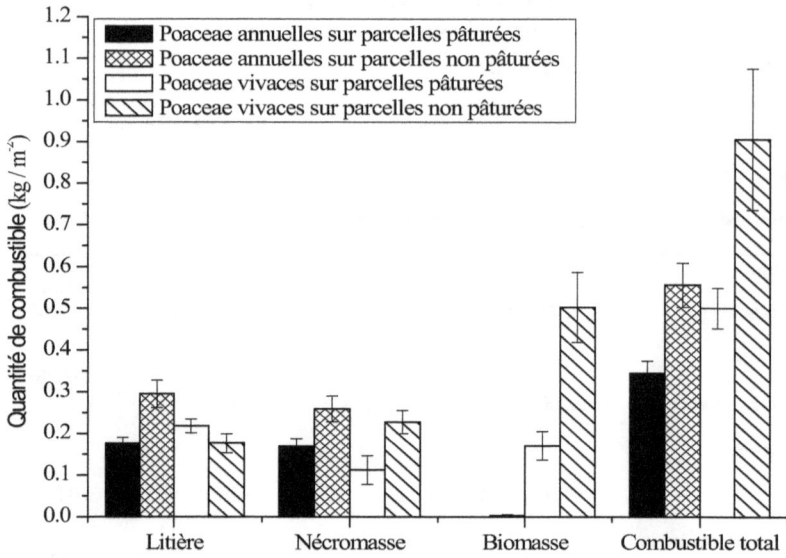

Figure 18 : Quantités des différentes fractions de combustible avant la mise à feu.

2.2. Paramètres climatiques et comportement du feu

Durant les 5 jours consécutifs de l'étude, les conditions climatiques varie peu pendant l'exécution des 32 feux expérimentaux. La moyenne de la température ambiante est de 34,43 ± 1,2 °C, l'humidité relative de l'air est de 54,56 ± 0,72% et la vitesse du vent est de 0,53 ± 0,10 m/s.

La quantité de combustible consumée au passage du feu est significativement plus faible dans les parcelles pâturées que dans celles non pâturées (p = 0,021) (Figure 19).

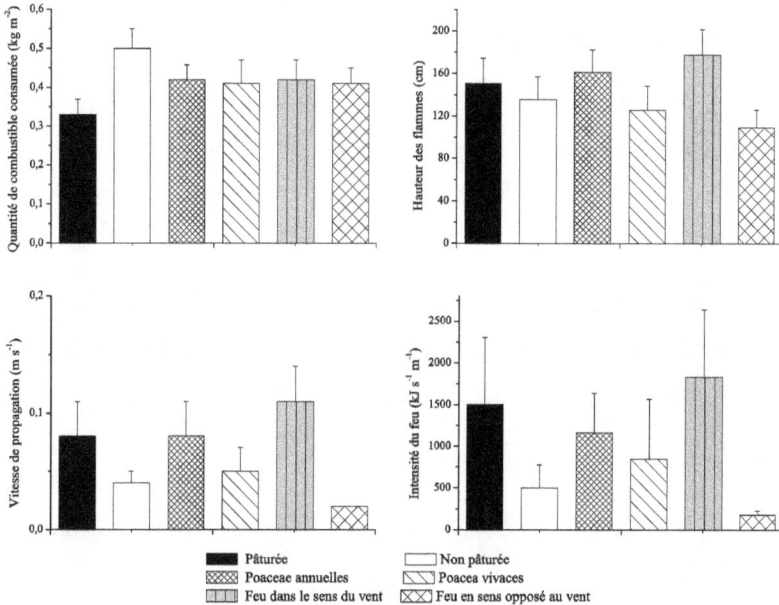

Figure 19 : Effet de la pâture, de la forme biologique des herbacées et de la direction du vent sur les paramètres de comportement du feu (moyenne ± erreur standard)

Ni la forme biologique des herbacées, ni la direction du vent n'influencent significativement le taux de combustion de la phytomasse. La pâture induit des vitesses de progression plus grandes et des feux plus intenses.

La vitesse de propagation et la hauteur des flammes ont tendance à être plus élevées dans les parcelles à herbacées annuelles que dans celles à herbacées vivaces.

La hauteur des flammes, la vitesse de propagation ainsi que l'intensité du feu sont significativement plus élevées dans les feux allumés dans le sens du vent que dans ceux allumés dans le sens contraire au vent.

Dans les deux directions de progression du feu, la quantité de combustible consumée (w) est significativement corrélée avec le poids total de combustible (TFL) et le poids de nécromasse (FL_d) (Tableau XXV a et b).

Table XXV : Corrélations entre les paramètres de comportement du feu, les caractéristiques du combustible et les variables climatiques.

(a) Feu brûlant dans le sens du vent

	Ht	VC	FL_l	FL_d	FL_f	TFL	MC_l	MC_d	MC_f	T	RH	W
w	0,48*	-0,14	0,32	0,90*	0,56*	0,93*	-0,27	-0,08	-0,19	0,16	0,08	-0,01
FH	-0,19	0,37	0,20	-0,15	-0,37	0,27	0,21	0,06	0,15	0,21	-0,23	0,08
r	-0,29	-0,43	0,02	-0,22	-0,32	-0,33	0,12	0,03	0,08	0,45	-0,62*	0,71*
l	-0,31	-0,38	0,19	-0,08	-0,35	-0,22	0,12	0,04	0,09	0,43	-0,63*	0,82*

(b) Feu brûlant dans le sens contraire au vent

	Ht	VC	FL_l	FL_d	FL_f	TFL	MC_l	MC_d	MC_f	T	RH	W
w	0,29	-0,14	0,64*	0,49*	0,27	0,84*	0,17	0,10	-0,12	0,03	0,11	0,42
FH	-0,20	0,16	0,60*	0,37	-0,41	0,16	0,23	0,13	0,16	-0,33	0,00	0,03
r	-0,70*	-0,19	0,14	0,17	-0,73*	-0,48*	0,25	0,14	0,18	0,35	0,41	0,30
l	-0,49*	-0,15	0,40	0,26	-0,49*	-0,08	0,23	0,13	0,16	0,23	-0,42	0,19

Ht = Hauteur moyenne de la strate herbacée (cm); VC = taux de recouvrement des herbacées (%); FL_l = Poids de litière (kg m^{-2}); FL_d = Poids nécromasse (kg m^{-2}); FL_f = Poids biomasse (kg m^{-2}); TFL = Poids total de combustible (kg m^{-2}); MC_l =Taux d'humidité de la litière (%); MC_d = Taux d'humidité de la nécromasse (%); MC_f = Taux d'humidité de la biomasse (%); w = Quantité de combustible consumée (kg m^{-2}); T = température de l'air (°C); RH = humidité relative de l'air (%); W = vitesse du vent (m s^{-1}); FH = Hauteur des flammes (cm); r = Vitesse de propagation du feu (m s^{-1}); l = intensité du feu (kJ s^{-1} m^{-1}). * = corrélation significative à p < 0,05.

Le même paramètre est significativement corrélé à la quantité de biomasse (FLf) et à la hauteur des herbacées (Ht) dans le cas du feu brûlant dans la direction du vent (Tableau XXVa). Par contre, dans le cas du feu brûlant dans le sens contraire au vent le même paramètre est corrélé avec la quantité de litière ($r^2 = 0,64$) (Tableau XXVb).

La hauteur des flammes (FH) n'est significativement corrélée qu'avec le poids de litière ($r^2 = 0,60$) dans le cas des feux progressant dans le sens opposé au vent.

La vitesse de propagation du feu (r) n'est significativement corrélée qu'avec l'humidité relative de l'air (RH) et la vitesse du vent (W) dans le cas du feu brûlant dans le sens du vent. Par contre dans le feu opposé au sens du vent, le même paramètre est significativement corrélé avec la hauteur des herbacées (Ht), le poids de la biomasse (FLf) et le poids de combustible total (TFL).

Les corrélations les plus pertinentes pour la prédiction du comportement du feu sont présentées dans le tableau XXVI.

Tableau XXVI : Equations de régression pour la prédiction de la vitesse de progression du feu (r), la combustion du combustible (w) et l'intensité du feu (I). Les paramètres de prédiction sont : la vitesse du vent (W), le poids total de combustible (TFL), le recouvrement herbacé (VC) et la hauteur de la strate herbacée (Ht). e.s.e. = erreur standard estimée. R^2 = coefficient de détermination

	Variable	e. s. e.	R^2	P
Feu dans le sens du vent	r = 0,1042 + 0,1301W - 0,1418TFL	0,0879	0,557	0,005
	w = 0,0877 + 0,7006 TFL	0,0600	0,862	<0,0001
	Log (I) = 1,84 +1,81W − 1,22TFL	0,8148	0,731	<0,0001
Feu en sens opposé au vent	r = 0,0454 +0,0023W + 0,0002VC − 0,00009Ht	0,0062	0,631	0,006
	w = 0,1294 + 0,6436 TFL	0,0652	0,705	<0,0001
	Log (I) = 1,52 + 1,40 W − 0,00405Ht + 0,00037 VC	0,4756	0,807	<0,0001

Ht = Hauteur moyenne de la strate herbacée (cm); VC = taux de recouvrement des herbacées (%); FL_l = Poids de litière (kg m^{-2}); FL_d = Poids nécromasse (kg m^{-2}); FL_f = Poids biomasse (kg m^{-2}); TFL = Poids total de combustible (kg m^{-2}); MC_l =Taux d'humidité de la litière (%); MC_d = Taux d'humidité de la nécromasse (%); MC_f = Taux d'humidité de la biomasse (%); w = Quantité de combustible consumée (kg m^{-2}); T = température de l'air (°C); RH = humidité relative de l'air (%); W = vitesse du vent (m s^{-1}); FH = Hauteur des flammes (cm); r = Vitesse de propagation du feu (m s^{-1}); I = intensité du feu (kJ s^{-1} m^{-1}). * = corrélation significative à p < 0,05.

La vitesse du vent et le poids total de combustible expliquent 56 % de la variation de la vitesse de progression et 73 % de l'intensité du feu pendant le feu brûlant dans le sens du vent. La quantité totale de biomasse à elle seule explique 86 % de la variation du taux de combustion du combustible durant le feu brûlant dans le sens du vent. L'intensité du feu et la vitesse de progression pendant le feu brûlant en sens opposé au vent sont prédictibles avec la vitesse du vent, le taux de recouvrement (VC) et la hauteur de la végétation (Ht), lesquels expliquent 81 % de la variation de l'intensité du feu et 63 % de la vitesse de progression. La quantité totale du combustible explique 71 % de la variation de la combustion du combustible durant le feu contre le sens du vent.

2.3. Température du feu et temps de rémanence

Lors du brûlis, les moyennes de température maximale ainsi que le temps de rémanence au dessus de 60 °C (température létale pour les tissus végétaux) sont significativement plus grandes sur les parcelles non pâturées (200 °C et 1,02 mn) que sur celles pâturées (127 °C et 0,72 mn) (Tableau XXVII).

Tableau XXVII : Effets principaux de la pâture, de la forme biologique des Poaceae et de la direction du vent sur la température maximale du feu et le temps de rémanence de la température au dessus de 60 °C. (Moyenne ± erreur standard). Les valeurs P significatifs au seuil de 5 % sont marquées en gras.

Facteurs principaux	Températures maximales (°C)	Temps de rémanence (mn)
Pâture	126,57 ± 12,74	0,72 ± 0,11
Pas de Pâture	200,16 ± 15,54	1,02 ± 0,10
P	**<0,001**	**0,028**
Poaceae annuelles	189,53 ± 16,38	0,88 ± 0,09
Poaceae vivaces	137,21 ± 12,03	0,86 ± 0,12
P	**0,001**	0,843
Feu brûlant dans le sens du vent	174,65 ± 14,74	0,77 ± 0,10
Feu brûlant en sens opposé au vent	152,08 ± 14,26	0,97 ± 0,11
P	**0,012**	0,147

Parmi les trois facteurs étudiés, seule la pâture diminue significativement le temps de rémanence de la température létale. Les herbacées annuelles induisent des températures significativement plus élevées (189 °C) que les herbacées vivaces (137 °C). Le feu brûlant dans le sens contraire au vent génère une température maximale significativement plus haute (174 °C) que celui brûlant dans la direction du vent (152 °C).

De toutes les positions des senseurs, celle à la surface du sol (0 cm) enregistre la température maximale la plus élevée et le temps de rémanence de la température létale le plus long. Les deux variables décroissent graduellement au fur et à mesure que la localisation du senseur s'éloignait de la surface du sol dans les deux directions. Le temps de rémanence de la température létale est quasi nul en deçà de 10 cm dans le sol (Figure 20).

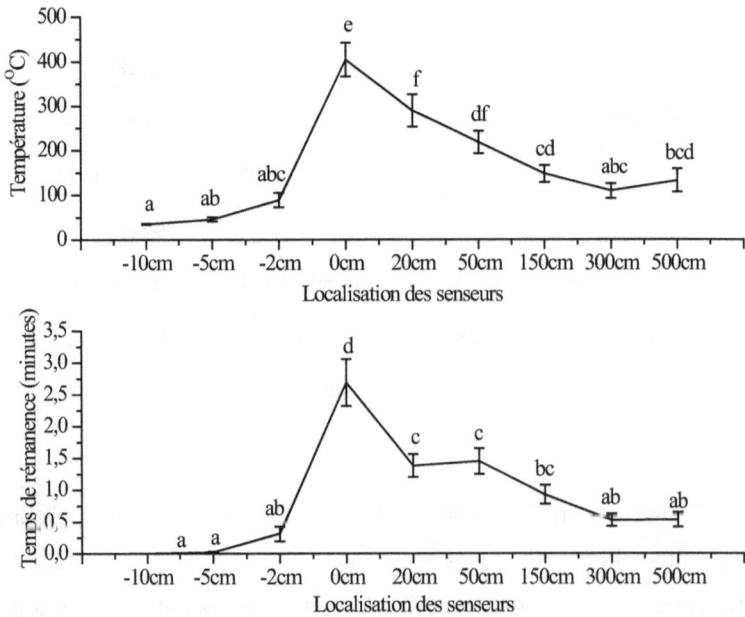

Figure 20 : Effet de la position des senseurs sur les maxima de température et de temps de rémanence au delà de 60 °C (moyenne ± erreur standard). Les moyennes avec des lettres différentes sont statistiquement différentes selon le test de Tukey.

La température maximale du feu dans le sol (de 34,61 ± 1,28 °C à 88,91 ± 16,34 °C) est plus basse que celle au dessus du sol (de 108, 99 ± 16,41°C à 289,21 ± 36,59 °C). Dans les parcelles à herbacées annuelles, la moyenne de température maximale au niveau de la surface du sol (0 cm) est de 511,39 ± 41,29 °C. Elle est presque le double de celle enregistrée sur les parcelles à herbacées vivaces (298,00 ± 51,97 °C).

3. Discussion

La consommation du fourrage et le piétinement par le bétail ont réduit significativement la quantité de combustible et la hauteur de la strate herbacée. Ces deux facteurs influencent énormément la structure et la dynamique de la végétation en savane (Frost, 1986 ; Rietkerk, 2000). L'interaction observée entre la pâture et la forme biologique des herbacée pourrait être attribuable à la plus grande sensibilité des annuelles à la pâture comparativement aux Poaceae vivaces. En effet, les vivaces, eu égard à leur pérennité, peuvent continuer à produire de la biomasse sous une pâture modérée par émission de nouvelles talles. Par contre, comme les annuelles ne régénèrent que par graines, la reconstitution de leur biomasse après le passage des troupeaux s'avère plus lente.

La pâture crée des discontinuités dans le tapis herbacé. De plus, le piétinement contribue à plaquer l'herbe au sol. Ces deux phénomènes pourraient expliquer le taux de combustion relativement faible en zone pâturée et la réduction significative de la température maximale du feu ainsi que du temps de rémanence de la température létale. Néanmoins, cette pâture modérée, bien qu'ayant diminué quantitativement la masse de combustible, n'a pas influencé significativement le recouvrement de la strate herbacée. C'est en partie ce qui justifie le fait que la pâture et la forme biologique des herbacées n'ont pas influencé significativement l'intensité du feu et sa vitesse de progression. De plus, la structure en mosaïque de la végétation influence le comportement du feu. Dans la zone, les nombreux bosquets, constitués par des végétations de termitières cathédrales, sont contournés par le feu. En outre la distribution spatiale hétérogène du combustible (en quantité et en taux d'humidité) entraîne un brûlage non uniforme. Cette situation peut être bénéfique aux herbivores qui disposent ainsi d'une phytomasse herbacée résiduelle pour leur alimentation en saison sèche.

Au moment des feux précoces, les herbacées annuelles telle que *Loudetia togoensis* sont à un état de dessiccation déjà très avancé tandis que les Poaceae vivaces comme *Andropogon gayanus* sont toujours relativement vertes. La combustion est alors quasi complète dans les parcelles à herbacées annuelles avec des flammes plus hautes et plus chaudes. Par contre, dans le cas des Poaceae vivaces, comme leur taux d'humidité est encore élevé au moment du brûlis, la combustion y est incomplète. Le feu y est rampant et génère des températures moins élevées que dans le cas des annuelles. Les Poaceae vivaces étant plus hautes et plus productrices que les herbacées annuelles, il est aisément prévisible qu'elles engendrent des températures et des flammes plus hautes en cas de feu tardif au moment où leur état de dessiccation est plus avancé. Le feu brûlant dans la direction du vent est plus intense et plus rapide que celui brûlant dans le sens opposé. De nombreux auteurs ont également trouvé que la vitesse et la direction du vent étaient fortement corrélées à l'intensité et à la vitesse de progression du feu dans d'autres types de savanes (Cheney *et al.*, 1993 ; Trollope *et al.*, 2002 ; Bilgili et Saglam 2003). Selon Trollope *et al.* (2004), l'accélération du vent engendre une augmentation de l'apport d'oxygène au feu qui stimule le transfert de chaleur par conduction ou par radiation entraînant ainsi un préchauffage du combustible à l'avant du front du feu. Govender *et al.* (2006) notent que l'accroissement de la vitesse du vent s'accompagne d'un accroissement exponentiel de la vitesse de progression du feu quand celui-ci brûle dans la direction du vent alors que l'accélération est moindre dans le cas d'un feu brûlant dans le sens contraire. La vitesse de progression et l'intensité du feu sont négativement corrélées au taux d'humidité de l'air. En effet, plus l'humidité relative de l'air est élevée, plus le taux d'humidité du combustible est également élevé et plus la quantité de chaleur nécessaire pour atteindre le point d'ignition sera plus importante entraînant ainsi une réduction de la combustibilité. Les caractéristiques de comportement du feu trouvées dans notre étude sont comparables à celles trouvées dans des écosystèmes de savanes boisées en Afrique australe (Shea *et al.* 1996 ; Gambiza *et al.* 2005).

197

Bien qu'en général les feux brûlant dans le sens du vent produisent des températures plus élevées, les températures sont plus grandes à la surface du sol dans le cas des feux brûlant dans le sens contraire à la direction du vent. La raison pourrait être que dans ce dernier cas, le feu progresse plus lentement et donc occasionne une accumulation de chaleur plus importante à la surface du sol. Ces résultats sont similaires à ceux de Trollope *et al.* (2002). Les valeurs maximales de température du feu et de temps de rémanence au dessus de 60 °C sont enregistrées au niveau de la surface du sol. Les températures sont plus élevées au dessus du sol qu'en dessous. Nos résultats sont en concordance avec ceux d'autres auteurs qui ont travaillé dans des écosystèmes semblables (Bradstock et Auld, 1995 ; Miranda (1993) ; Auld et O'Connell, 1991 ; Silva *et al.,* 1990). De Luis *et al.* (2004) ont trouvé que la température du feu décroit de manière exponentielle avec la profondeur du sol à cause de la faible conductivité thermale à travers le profil du sol (Valette *et al.,* 1994).

Ces températures excessives s'avèrent fatales pour les plantules et les semis qui n'ont pas encore développé un système racinaire suffisamment profond. On comprend alors pourquoi les feux récurrents empêchent un bon développement de la strate ligneuse en savane. La capacité de drageonner de certains ligneux (*Detarium microcarpum*) et d'enfouissement des graines de certaines herbacées (*Loudetia togoensis*) sont en partie des adaptations à ces feux fréquents.

Conclusion

Le comportement du feu (efficacité de combustion, vitesse de propagation) peut être prédit à partir des caractéristiques de la végétation herbacée et des paramètres climatiques tels que le taux d'humidité de l'air et la vitesse du vent.

La pâture contribue à réduire l'efficacité de combustion de la phytomasse herbacée ainsi que la température du feu et le temps de rémanence de la température létal.

Le feu brûlant dans le même sens que la direction du vent progresse plus vite et possède des flammes plus hautes que celui brûlant dans le sens opposé au vent.

Au moment de l'exécution des feux précoces, les températures du feu sont plus élevées et les flammes plus hautes dans la végétation à Poaceae annuelles que dans celles à Poaceae vivaces.

En considérant un gradient de hauteur, la température du feu est la plus élevée à la surface du sol. C'est à ce niveau également que le temps de rémanence de la température létale est le plus long.

La conduite de cette étude durant plusieurs années permettra de prendre en compte les variations interannuelles de la production herbacée ainsi que de celle des conditions climatiques pour pouvoir élaborer un manuel fiable d'exécution des feux précoces dans les aménagements forestiers.

CONCLUSION GENERALE ET PERSPECTIVES

Les enjeux écologiques et socio-économiques des formations naturelles soudaniennes ne sont plus à démontrer. Les feux de brousse, la pâture, la coupe de bois à des fins diverses sont les principaux facteurs anthropiques qui modèlent la structure et le fonctionnement de ces écosystèmes savanicoles. Notre étude constitue une contribution pour une meilleure connaissance de l'impact de ces facteurs sur la dynamique de ces écosystèmes. Nos résultats répondent à certaines préoccupations de l'aménagement des formations naturelles en zone soudanienne.

La pâture modérée n'a pas eu d'impact négatif sur la régénération et la croissance des ligneux. Elle permet même, dans certaines situations, une meilleure productivité en bois en réduisant la mortalité de souche consécutive à la coupe sélective et en améliorant la croissance des rejets de souche et des jeunes ligneux. Elle permet également une réduction de la température maximale du feu ainsi que le temps de rémanence de la température létale pour les végétaux. Ces effets bénéfiques de la pâture modérée pourraient être attribués à la réduction de l'importante biomasse herbacée des savanes soudaniennes par consommation et par piétinement. En effet, la diminution du combustible herbacé permet d'atténuer la sévérité des feux de brousse. Elle permet également à la régénération ligneuse d'être plus compétitive par rapport aux herbacées. Le piétinement permet également une meilleure décomposition de la strate herbacée par les termites et les micro-organismes du sol. De plus, les fèces, par leur effet fertilisant, contribuent à l'amélioration de la productivité des végétaux. La pâture modérée peut alors être un outil d'aménagement des formations naturelles pour garantir un certain équilibre entre les productions ligneuse et herbacée indispensables au bien-être des populations. Des charges de bétail excédant le niveau modéré durant la saison pluvieuse provoquent une détérioration des propriétés hydrologiques des sols.

Des trois facteurs anthropiques étudiés, le feu précoce affecte le plus la croissance de la régénération ligneuse. Néanmoins, il a seulement pour effet de ralentir la croissance des jeunes ligneux et des rejets de souche comparativement à la situation de protection totale contre le feu. Il n'affecte pas négativement les propriétés physico-chimiques des sols. La phytomasse herbacée résiduelle après le passage du feu précoce permet une meilleure protection des sols contre l'ensoleillement et l'érosion. Les repousses des Poaceae vivaces et les jeunes feuilles des ligneux induites par le feu précoce constituent un appoint fourrager pour le bétail et les herbivores sauvages. Son utilisation en zone soudanienne peut alors être un compromis entre une interdiction des feux de brousse et l'avènement des feux tardifs plus dévastateurs.

Les tarifs de cubage élaborés lors de la coupe sylvicole constituent une réponse à la demande des utilisateurs des chantiers d'aménagement notamment. De même, les équations de prédictions de comportement du feu que nous avons élaborées sont statistiquement significatives et conceptuellement logiques et, par conséquent peuvent être utilisées pour guider la pratique des feux précoces dans la zone d'étude. Les variables sont facilement mesurables ce qui fait que ces équations sont d'utilité pratique pour les campagnes de feu annuelles.

Les impacts des facteurs anthropiques ne sont pas uniformes sur tous les sites d'étude eu égard notamment aux spécificités édaphiques et de la végétation de ceux-ci. L'interaction de ces facteurs anthropiques avec celles climatiques caractérisées par une très grande variabilité inter et intra-annuelle, notamment la pluviosité, rend encore plus complexe la réponse des écosystèmes savanicoles soudaniens. Le niveau de charge animale, la nature des animaux, le temps de pâture, la période de mise à feu en fonction de la forme biologique des herbacées sont des aspects sur lesquelles des études à long terme sont indispensables pour générer des résultats fiables pour la conduite des aménagements des formations naturelles. Il en est de même de la prise en compte des produits forestiers non ligneux dans l'exploitation des ressources forestières. A ce titre, les dispositifs expérimentaux de Laba et de Tiogo sont uniques dans la partie soudanienne de l'Afrique occidentale eu égard aux thématiques qui y sont étudiées dans le long terme (depuis 1992 jusqu'à nos jours). Il serait judicieux de les ériger en pôle d'excellence pour les études biologiques et écologiques des formations naturelles. De plus, dans un contexte de réchauffement climatique, nous avons besoin d'acquérir de nouvelles connaissances sur comment atténuer les effets du changement climatique.

Les formations arborées sont reconnues être des puits de carbone. Si de nombreuses études ont été conduites à ce sujet dans les forêts occidentales, très peu de données existent concernant la séquestration du carbone par les formations naturelles en zones sèches. Ces dispositifs expérimentaux constituent alors une opportunité pour aborder cette thématique dans les savanes soudaniennes. Cela pourrait aider le Burkina Faso à accéder au marché grandissant de carbone au niveau mondial. En effet, avec une très grande dépendance sur les formations naturelles comme moyen de subsistance, les pays sahéliens doivent développer des stratégies efficaces pour combattre la dégradation grandissante des ressources naturelles.

Par conséquent, les efforts pour atténuer les changements climatiques à travers la séquestration de carbone pourraient être une opportunité de générer de l'argent pour les populations locales à travers une conservation et une meilleure gestion des formations naturelles.

La volonté politique devrait s'affirmer plus quant à la prise de décisions concrètes pour la sauvegarde des formations naturelles.

REFERENCES BIBLIOGRAPHIQUES

Abbot, P.G. and Lowore, J.D., 1999. Characteristics and management potential of some indigenous firewood species in Malawi. *Forest Ecology and Management, 119 (1-3): 111-121.*

Adkins, S.W. and Peters, N.C.B., 2001. Smoke derived from burnt vegetation stimulates germination of arable weeds. *Seed Science Research, 11 (3): 213-222.*

Albrecht, M.A. and McCarthy, B.C., 2006. Effects of prescribed fire and thinning on tree recruitment patterns in central hardwood forests. *Forest Ecology and Management, 226 (1-3): 88-103.*

Archibald, S., Bond, W.J., Stock, W.D., Fairbanks, D.H.K., 2005. Shaping the landscape: fire–grazer interactions in an African savanna. *Ecol. Appl. 15 (1), 96–109.*

Auld, T.D. and Oconnell, M.A., 1991. Predicting patterns of post fire germination in 35 Eastern Australian Fabaceae. *Australian Journal of Ecology, 16 (1): 53-70.*

Bationo, B.A., Ouédraogo, J.S., Guinko, S., 2001. Strategies de régénération naturelle de *Detarium microcarpum* Guill. et Perr. dans la forêt classée de Nazinon (Burkina Faso). *Fruits, 56 (4): 271-285.*

Baskin C. C., and Baskin J. M., 1998. Seeds: Ecology, Biogeography, and Evolution of Dormancy and Germination. *Academic Press, San Diego, California. 666 p.*

Bellefontaine, R., Gaston, A. and Petrucci, Y., 2000. Management of natural forests of dry tropical zones. *FAO conservation guide, 32. Food and Agriculture Organization of the United Nations, Rome, 318 p.*

Belsky, A.J., 1994. Influences of trees on savanna productivity - tests of shade, nutrients, and tree-grass competition. *Ecology, 75 (4): 922-932.*

Belsky, A.J., Mwonga, S.M. and Duxbury, J.M., 1993. Effects of widely spaced trees and livestock grazing on understory environments in tropical savannas. *Agroforestry Systems, 24 (1): 1-20.*

Belsky, J.A., 1992. Effects of grazing, competition, disturbance and fire on species composition and diversity in grassland communities. *Journal of Vegetation Science, 3 (2): 187-200.*

Belsky, A.J., 1987. The Effects of Grazing - Confounding of Ecosystem, Community, and Organism Scales. *Am. Nat., 129 (5): 777-783.*

Bergelson, J., 1990. Life after death-site preemption by the remains of poa-annua. *Ecology 71 (6), 2157–2165.*

Bilgili, E. and Saglam, B., 2003. Fire behavior in maquis fuels in Turkey. *Forest Ecology and Management, 184 (1-3): 201-207.*

Bird, M.I., Veenendaal, E.M., Moyo, C., Lloyd, J. and Frost, P., 2000. Effect of fire and soil texture on soil carbon in a sub-humid savanna (Matopos, Zimbabwe). *Geoderma, 94 (1): 71-90.*

Bond, W.J. & van Wilgen, B.W., 1996. Fire and plants. *1st edition. Chapman & Hall. London, United Kingdom. 263 p.*

Bouxin, G., 1975. Action des feux saisonniers sur la strate ligneuse dans le parc national de l'Akagera. (Rwanda, Afrique Centrale). *Vegetatio, 30 (3): 189-196.*

Bradstock, R.A. and Auld, T.D., 1995. Soil temperatures during experimental bushfires in relation to fire intensity - Consequences for legume germination and fire management in South-Eastern Australia. *Journal of Applied Ecology, 32 (1): 76-84.*

Braithwaite, T.W.,Mayhead, G.J., 1996. The effects of simulated browsing on the growth of sessile oak (Quercus petraea (Matt.) Lieblein). *Agricultural journal, 20: 59-64.*

Breman, H. and Kessler, J.-J., 1995. The role of woody plants in agro-ecosystems of semi-arid regions : with an emphasis of the Sahelian countries. *Advanced series in agricultural sciences, 23. Springer, Berlin, 270 p.*

Byram, G.M., 1959. Combustion of forest fuels. In *forest fire : control and use. (Ed. K.P. Davis and H. McGraw). New York. pp 61-89.*

Casenave, A. and Valentin, C., 1992. A runoff capability classification-system based on surface-features criteria in semiarid areas of West Africa. *J. Hydrol. 130 : 231-249.*

Cesar, J., 1990. Etude de la production biologique des savanes de Côte-d'Ivoire et de son utilisation par l'homme. *Thèse de doctorat, Université de Paris VI. 514 p.*

Chave, J., Riéra, B., Dubois, M.A., 2001. Estimation of biomass in a neotropical forest of French Guiana: spatial and temporal variability. Journal of Tropical Ecology 17, 79-96.

Clark, D.A., Brown, S., Kicklighter, D.W., Chambers, J.Q., Tomlison, J.R., Ni, J., 2001. Measuring net primary production in forests: concepts and field methods. *Ecological Applications 11, 356-370.*

Cheney, N.P., Gould, J.S. and Catchpole, W.R., 1993. The influence of fuel, weather and fire shape variables on fire-spread in grasslands. *International Journal of Wildland Fire, 3 (1): 31-44.*

Chidumayo, E.N., 1997. Miombo ecology and management: an introduction. *IT Publications in association with the Stockholm Environment Institute. London. 166 p.*

Condit, R., Hubbell, S.P., Foster, R.B., 1996. Changes in tree species abundance in a Neotropical forest: impact of climate change. *J. Trop. Ecol.12: 231– 256.*

Coughenour, M.B., 1991. Spatial components of plant-herbivore interactions in pastoral, ranching, and native ungulate ecosystems. *Journal of Range Management, 44 (6): 530-542.*

Crawley, M.J., 2005. Statistics: An introduction using R. John Wiley & Sons, Chister, England.

Daget , P. et Poissonet, J., 1971. Une méthode d'analyse phytosociologique des prairies. *Ann. Agro-22: (I) 5 – 41.*

Daniell, J.W., Chappell, W.E. and Couch, H.B., 1969. Effect of sublethal and lethal temperature on plant cells. *Plant Physiology, 44: 1684-1689.*

Danthu, P., Ndongo, M., Diaou, M., Thiam, O., Sarr, A., Dedhiou, B.,Ould Mohamed Vall, A., 2003. Impact of bush fire on germination of some West African acacias. *Forest Ecology and Management, 173(1-3): 1-10.*

Day, P.R., 1965. Particles fractionation and particle size analysis. I*n: Black, C.A. (Ed.), Method of Soil Analysis, Part 1: Physical and Mineralogical Properties. American Society of Agronomy, Inc., Publisher, Madison, Wisconsin, USA, pp. 545–567.*

Daymba, S.D. 2005. Influence des feux de brousse sur la dynamique de la végétation dans le Parc w – Burkina. *Mémoire IDR. Université Polytechnique de Bobo-Dioulasso. 112 p.*

DeBano L.F., Daniel G.N. and Peter F.F., 1998. Fire's Effects on Ecosystems. *Jhon Wiley and sons, Inc. NewYork. 333 p.*

De Luis, M., Baeza, M.J., Raventos, J. and Gonzalez-Hidalgo, J.C., 2004. Fuel characteristics and fire behaviour in mature Mediterranean gorse shrublands. *International Journal of Wildland Fire, 13 (1): 79-87*

de Rouw, A., Rajot, J.L., 2004. Soil organic matter, surface crusting and erosion in Sahelian farming systems based on manuring or fallowing. *Agriculture Ecosystems & Environment 104: 263–276.*

Deshmukh, I.K., 1984. A common relationship between precipitation and grassland peak biomass for east and southern Africa. African *Journal of Ecology 22 (22): 181–186.*

Devineau, J.L. and Fournier, A., 2005. To what extent can simple plant biological traits account for the response of the herbaceous layer to environmental changes in fallow-savanna vegetation (West Burkina Faso, West Africa) ? *Flora, 200 (4): 361-375.*

Devineau, J.L. and Fournier, A. 1998. Écologie d'une savane africaine. Synthèse provisoire des résultats acquis. *ORSTOM / ERMES. 77 p.*

Die, Z. 1995. Dynamique de la souche dans les parcelles exploitées, incidence de l'exploitation du bois sur la végétation ligneuse dans la forêt classée du Nazinon. *Mémoire IDR, Option Eaux et Forêts. Université de Ouagadougou. 89*

Drexhage, M., and Colin, F., 2003. Effects of browsing on shoots and roots of naturally

regenerated sessile oak seedlings. *Ann. For. Sci., 60: 173-178.*

Driessen, P., Deckers, J. and Spaargaren, O., 2001. Lecture notes on the major soils of the world. *FAO World Soil Resources Reports - 94. Food and Agriculture Organization of the United Nations, Rome, 334 p.*

Dye, P.J., and Spear, P.T., 1982. The effect of bush clearing and rainfall variability on grass yield and composition in south-west Zimbabwe. *Zimbabwe Journal of Agricultural Research. 20: 103–117.*

Emmerich, W.E. et Cox, J.R., 1992. Hydrologic characteristics immediately after seasonal burning on introduced native grasslands. *Journal Range Management 45: 476–479.*

Facelli, J.M., 1994. Multiple indirect effects of plant litter affect the establishment of woody seedlings in old fields. *Ecology 75 (6): 1727–1735.*

F.A.O., 1997. Les forêts au service de la sécurité alimentaire. *Nat. Faune 13, 17-19.*

FAO, 2001. Global forest resources assessment 2000. Main report. *FAO Forestry paper 140: 115-120*

FAO, 2004. Etude de la situation et de l'évolution des systèmes de vulgarisation et d'animation forestière en Afrique sahélienne : Etude de cas sur le Burkina Faso. *Archives de documents de la FAO. 194 p.*

Fontès, J. et Guinko, S., 1994. Carte de la végétation et de l'occupation du sol du Burkina Faso. *Ministère de la Coopération Francaise ; Projet Campus 88 313 101. Carte + notice explicative 67 p.*

Fonton, N.H., Kakai, R.G., Rondeux, J., 2002. Étude dendrométrique d'Acacia auriculiformis A. Cunn. ex Benth. en mélange sur vertisol au Bénin. *Biotechnol. Agron. Soc. Environ. 6, 29-37.*

Fournier, A., Nignan, S., 1997. Quand les annuelles bloquent la succession postculturale. : expérimentation sur *Andropogon gayanus* en savane soudanienne (Bondoukuy, Burkina Faso). *Ecologie Brunoy 28 (1) : 13–21.*

Fournier, A., 1991. Phénologie, croissance et production végétales dans quelques savanes d'Afrique de l'Ouest, variation selon un gradient climatique. *Thèse de Doctorat d'État. Université Pierre et Marie Curie, Paris IV), 313 p.*

Fuwape, J.A., Akindele, S.O., 1997. Biomass yield and energy value of some fast-growing multipurpose trees in Nigeria. *Biomass & Bioenergy 12, 101-106.*

Fynn, R.W.S. and O'Connor, T.G., 2000. Effect of stocking rate and rainfall on rangeland dynamics and cattle performance in a semi-arid savanna, *South Africa. Journal of Applied Ecology, 37(3): 491-507.*

Frost, P., Menaut, J.C., Walker, B., Medina, E., Solbrig, O.T. and Swift, M. 1986. Responses of savannas to stress and disturbance. A proposal for a collaborative programme of research. *In IUBS-UNESCO-MAB, Biology International, (special issue) 10, 82 p.*

Frost, P.G.H. and Robertson, F., 1987. The ecological effects of fire in savannas. *In: B.H. Walker (Editor), Determinants of tropical savannas. IRL Press, Oxford, pp. 93-140.*

Gambiza, J., Bond, W., Frost, P.G.H.,Higgins, S., 2000. A simulation model of miombo woodland dynamics under different management regimes. Special section: land use options in dry tropical woodland ecosystems in Zimbabwe. *Ecological Economics Amsterdam, 33 (3): 353-368.*

Gambiza, J., Campbell, B.M., Moe, S.R. and Frost, P.G.H., 2005. Fire behaviour in a semi-arid Baikiaea plurijuga savanna woodland on Kalahari sands in western Zimbabwe. *South African Journal of Science, 101(5-6): 239-244.*

Garnier, L.K.M. and Dajoz, I., 2001. The influence of fire on the demography of a dominant grass species of West African savannas, *Hyparrhenia diplandra. Journal of Ecology 89 (2): 200-208.*

Gignoux, J., Clobert, J., Menaut, J.C., 1997. Alternative fire resistance strategies in savanna trees. *Oecologia 110, 576–583.*

Gonzalez-Perez, J.A., Gonzalez-Vila, F.J., Almendros, G. and Knicker, H., 2004. The effect of fire on soil organic matter--a review. *Environment International, 30 (6): 855-870.*

Gonzalez-Rivas, B., 2005. Tree species diversity and regeneration of tropical dry forests in Nicaragua. *Doctoral Thesis. Swedish University of Agricultural Sciences, Umea, pp. 30 + appendix.*

Govender, N., Trollope, W.S.W. and Van Wilgen, B.W., 2006. The effect of fire season, fire frequency, rainfall and management on fire intensity in savanna vegetation in South Africa. *Journal of Applied Ecology, 43 (4): 748-758.*

Grunow, J.O., Groeneveld, H.T. and Du Toit, S.H.C., 1980. Above-ground dry matter dynamics of the grass layer of a South African tree savanna. *Journal of Ecology, 68: 877-889.*

Guinko, S., 1984. La végétation de Haute-Volta. *Thèse d'Etat. Université Bordeau III., Vol 1 et 2. 406 p.*

Harris, D.R., 1980. Commentary: human occupation and exploitation of savanna environments. *In: D.R. Harris (Editor), Human ecology in savanna environments. Academic Press, London, pp. 31-39.*

Harrison, S., Inouye, B.D. and Safford, H. D. 2003. Ecological heterogeneity in the effects of grazing and fire on grassland diversity. *Conservation Biology 17: 837-845.*

Hennenberg, K.J. 2006. Phytomass and fire occurrence along forest-savanna transects in the Comoe National Park, Ivory Coast. *Journal of Tropical Ecology, 22 : 303-311.*

Hester, A.J., Mitchell, F.J.G.,Kirby, K.J., 1996. Effects of season and intensity of sheep grazing on tree regeneration in a British upland woodland. *Forest Ecology and Management, 88(1-2): 99-106.*

Hiernaux, P., 1998. Effects of grazing on plant species composition and spatial distribution in rangelands of the Sahel. *Plant Ecology, 138 (2): 191-202.*

Hiernaux, P., Bielders, C.L., Valentin, C., Bationo, A. and Fernandez-Rivera, S., 1999. Effects of livestock grazing on physical and chemical properties of sandy soils in Sahelian rangelands. *Journal of Arid Environments, 41 (3): 231-245.*

Hillel, D., 2004. Introduction to environmental soil physics. *Elsevier Academic Press, Amsterdam. 350 p.*

Hochberg, M.E., Menaut, J.C.,Gignoux, J., 1994. The influences of tree biology and fire in the spatial structure of the West African savannah. *Journal of Ecology (82) . 217-226.*

Hoffmann O., 1985. Pratiques pastorales et dynamique du couvert végétal en pays Lobi (Nord-Est de la Côte d'Ivoire). *Ed. ORSTOM. Collection Travaux et Documents no 189. Paris. 212 p.*

Hoffmann, W.A., 1998. Post-burn reproduction of woody plants in a neotropical savanna: the relative importance of sexual and vegetative reproduction. *Journal of Applied Ecology, 35 (3): 422-433.*

Hoffmann, W.A., 1999. Fire and population dynamics of woody plants in a neotropical savanna: matrix model projections. *Ecology, 80 (4): 1354-1369.*

Hoffmann, W.A. and Solbrig, O.T., 2003. The role of topkill in the differential response of savanna woody species to fire. *Forest Ecology and Management, 180 (1-3): 273-286.*

Houghton, R.A., Goodale, C.L., 2004. Effects of land-use change on the carbon balance of terrestrial ecosystems. In: DeFries, R., Asner, G., Houghton, R.A. (Eds.), Ecosystems and Land Use Change. *American Geophysical Union, Washington, DC, pp. 85-98.*

Hutchinson, J., Dalziel, J.M., Hepper, F.N.,Keay, R.W.J., 1954. Flora of west tropical Africa : all territories in West Africa south of latitude 18° N. and to the west of Lake Chad, and Fernando Po. *Crown agents for oversea governments and administrations, London.*

Hutchinson, T.F., Sutherland, E.K.,Yaussy, D.A., 2005. Effects of repeated prescribed fires on the structure, composition, and regeneration of mixed-oak forests in Ohio. *Forest Ecology and Management, 218(1-3): 210-228.*

Jensen, M. and Friis, I., 2001. Fire regimes, floristics, diversity, life forms and biomass in wooded grassland, woodland and dry forest

215

at Gambella, Western Ethiopia. *Biologiske skrifter / Det Kongelige Danske Videnskabernes Selskab, 54: 349-387.*

Jensen, M., Michelsen, A. and Gashaw, M., 2001. Responses in plant, soil inorganic and microbial nutrient pools to experimental fire, ash and biomass addition in a woodland savanna. *Oecologia, 128 (1): 85-93.*

Kaboré, C., 2004. Référentiel technique d'aménagement des forêts au Burkina Faso, *BKF/007-PAFDK, Ouagadougou. 133 p.*

Kaboré, C., 2007. Tests d'applicabilité de méthodes d'inventaire forestier rapides au Burkina Faso. *In. MECV, p. 39.*

Kauffman, J.B., 1991. Survival by sprouting following fire in tropical Forests of Eastern Amazon. *Biotropica 23 : 219–224*

Keya, G.A., 1998. Herbaceous layer production and utilization by herbivores under different ecological conditions in an arid savanna of Kenya. *Agriculture Ecosystems & Environment, 69(1): 55-67.*

Kennedy, A.D.,Potgieter, A.L.F., 2003. Fire season affects size and architecture of *Colophospermum mopane* in southern African savannas. *Plant Ecol., 167 (2): 179-192.*

Keya, G.A., 1998. Herbaceous layer production and utilization by herbivores under different ecological conditions in an arid savanna of Kenya. *Agriculture Ecosystems & Environment, 69 (1): 55-67.*

Ky-Dembele, C., Tigabu, M., Bayala, J., Ouédraogo, S.J., and Odén, P.C., 2007. The relative importance of different regeneration mechanisms in a selectively cut savanna- woodland in Burkina Faso, West Africa. *Forest Ecology and Management, 243: 28-38.*

Lacey, C.J., Walker, J., Noble, I.R., 1982. Fire in Australian tropical savannas. In: Huntley, B.J., Walker, B.H. (Eds.), *Ecology of Tropical Savannas. Springer-Verlag, Berlin, pp. 246–272.*

Lanly, J.P., 1981. Manuel d'inventaire forestier. *Etude FAO Forêts, Rome, Italie, 200 p.*

Lehouerou, H.N., 1976. The nature and causes of desertization, *Arid lands newsletter 3, University of Arizona, Tucson, USA, pp. 1-7.*

Lehouerou, H.N., 1980. Colloque sur les Ligneux Fourragers en Afrique, Addis Abeba, 8-12 Avril 1980 et autres contributions. *CIPEA. 350 p.*

Lehouerou, H.N., Bingham, R.L., Skerbek, W., 1988. Relationship between the variability of primary production and the variability of annual precipitation in world arid lands. *Journal Of Arid Environment 15 (1) : 1–18.*

Lieberman, D., Lieberman, M., 1987. Forest tree growth and dynamics at La-Selva, Costa-Rica (1969–1982). *Journal of Tropical Ecology 3: 347–358.*

Liedloff, A.C., Coughenour, M.B., Ludwig, J., Dyer, R., 2001. Modelling the trade-off between fire and grazing in a tropical savanna

217

landscape, northern Australia. *Environment International 27: 173–180.*

Luoga, E.J., Witkowski, E.T.F.,Balkwill, K., 2004. Regeneration by coppicing (resprouting) of miombo (African savanna) trees in relation to land use. *Forest Ecology and Management, 189 (1-3): 23-35.*

Manauté, J. 1996. Etude de l'influence du feu et du pâturage sur la régénération par rejets de souche d'un peuplement naturel exploité en coupe sélective dans le Centre-Ouest du Burkina Faso. *Mémoire d'Ingénieur Forestier. ENGREF. 63 p.*

McNaughton, S.J., 1983. Serengeti grassland ecology: the role of composite environmental factors and contingency in community organization. *Ecological Monographs, 53 (3): 291-320.*

Menaut, J.C., 1983. The vegetation of African savannas. *In: F. Bourliere (Editor), Tropical Savannas, pp 109-149.*

Menaut, J.C., Abbadie, L., Loudjani, P. and Podaire, A., 1991. Biomass burning in West Africa Savannahs. *In: S.J. Levine (Editor), Global biomass burning. Atmospheric, Climatic, and Biospheric Implications. The MIT Press, Cambrige, Massachusetts, London, England, pp 133-142.*

Menaut, J.C., Abbadie, L. and Vitousek, P.M., 1992. Nutrient and organic matter dynamic in tropical ecosytems. *In: P.J. Crutzen and J.G. Goldammer (Editors), Fire in the environment. The ecological* and atmospheric and climatic importance of vegetation fires. Wiley and sons Ltd, Chichester/England, pp 215-232.

Menaut, J.C. and Cesar, J., 1982. The structure and dynamics of a West African savanna. In: B. Huntley and B.H. Walker (Editors), Ecology of tropical savannas. Springer-Verlag, Berlin, pp 80-100.

Menaut, J.C., Gignoux, J., Prado, C. and Clobert, J., 1990. Tree Community Dynamics in a Humid Savanna of the Ivory-Coast - Modeling the Effects of Fire and Competition with Grass and Neighbors. Journal of Biogeography, 17(4-5): 471-481.

Menaut, J.C., Lepage, M. and Abbadie, L., 1995. Savannas, woodlands and dry forests in Africa. In: S.H. Bullock, H.A. Mooney and E.E. Medina (Editors), Seasonally dry tropical forests. 1995 : 64 - 92.

Milchunas, D.G., Sala, O.E.,Lauenroth, W.K., 1988. A Generalized-Model of the Effects of Grazing by Large Herbivores on Grassland Community Structure. American Naturalist, 132 (1): 87-106.

Milchunas, D.G. and Lauenroth, W.K., 1993. Quantitative effects of grazing on vegetation and soils over a global range of environments. Ecological Monographs, 63 (4): 327-366.

Mills, A.J. and Fey, M.V., 2004. Frequent fires intensify soil crusting: physicochemical feedback in the pedoderm of long-term burn experiments in South Africa. Geoderma, 121 (1-2): 45-64.

Ministère de l'Economie et des Finances (2008). Recensement Général de la Population et de l'Habitation de 2006. *52p. http://www.cns.bf/IMG/pdf/RGPH_2006.pdf.*

Ministère de l'Environnement et de l'Eau, 1996. Programme National d'aménagement des forêts.

Ministère de l'Environnement et de l'Eau, 2000. Glossaire des termes techniques du code forestier et de ses textes d'application. *74p.*

Miranda, A.C., Miranda, H.S., Dias, I.D.O. and Dias, B.F.D., 1993. Soil and air temperatures during prescribed Cerrado fires in Central Brazil. *Journal of Tropical Ecology, 9: 313-320.*

Monnier, Y., 1990. La poussière et la cendre. Paysage, dynamique des formations végétales et stratégies des sociétés en Afrique de l'Ouest. *Ministère de la coopération et du développement (France), 264 p.*

Mordelet, P. and Menaut, J.C., 1995. Influence of trees on above-ground production dynamics of grasses in a humid savanna. *Journal of Vegetation Science, 6 (2): 223-228.*

Moyo, C.S., Frost, P.G.H. and Campbell, B.M., 1998. Modification of soil nutrients and microclimate by tree crowns in semi-arid rangeland of South-Western Zimbabwé. *African Journal of Range and Forage Science, 15: 16-22.*

Mwendera, E.J. and Saleem, M.A.M., 1997. Infiltration rates, surface runoff, and soil loss as influenced by grazing pressure in the Ethiopian highlands. *Soil Use and Management, 13 (1): 29-35.*

Mwendera, E.J., Saleem, M.A.M. and Woldu, Z., 1997. Vegetation response to cattle grazing in the Ethiopian highlands. *Agriculture Ecosystems & Environment, 64 (1): 43-51.*

Nouvellet Y. et Sawadogo L. 1994. Suivi de la productivité des formations naturelles dans la zone d'aménagement forestier de Nebiellianayou. *Programme de Développement Rural dans la Sissili (6ᵉ FED). 20 p. + annexes.*

Nouvellet Y., Fries J., Bellefontaine R. et Sawadogo, L. 1995. Recherches sylvicoles relatives à l'aménagement des forêts sèches. *IUFRO. XX Congrès Mondial 6-12 août 1995. Tempere, Finland.*

Nygård, R., 2000. Productivity of woody vegetation in savanna woodlands in Burkina Faso. *Doctoral thesis. Swedish University of Agricultural Sciences, Umeå, 23 p. + appendix.*

Nygård, R., Sawadogo, L. and Elfving, B., 2004. Wood-fuel yields in short-rotation coppice growth in the north Sudan savanna in Burkina Faso. *Forest Ecology and Management, 189 (1-3): 77-85.*

O'Connor, T.G., 1996. Individual, population and community response of woody plants to browsing in African savannas. *Bull. Grassld Soc. S. Afr. 7, 14–18.*

221

O'Connor, T.G. and Pickett, G.A., 1992. The influence of grazing on seed production and seed banks of some African savanna grasslands. *Journal of Applied Ecology, 29: 247-260.*

Olesen, S.R. and Dean, L.A., 1965. Phosphorus. In Black, C.A. (Edition). Methods of soils analysis; Part 2: Chemical and microbiological properties. *American Society of Agronomy. pp 1035-1049.*

Ouedraogo B. 2006. La demande de bois-énergie à Ouagadougou : esquisse d'évaluation de l'impact physique et des échecs des politiques de prix. *Revue développement durable et territoires. 12 p.*

Ouédraogo, K. 2001. L'étude prospective du secteur forestier en Afrique (FOSA). *FAO. 34 p.*

Ouédraogo M. 2004. New stakeholders and the promotion of agro-sylvo-pastoral acticivities in southern Burkina Faso : False or inexperience ? *Issue paper no 118.*

Pallant, J., 2005. SPSS survival manual. *Open Press University, Berkshire, U.K.*

Parde, J., Bouchon, J., 1988. Dendrométrie. ENGREF, Nancy, France.

Parker, J.L., Fernandez, I.J., Rustad, L.E. and Norton, S.A., 2001. Effects of nitrogen enrichment, wildfire, and harvesting on forest-soil carbon and nitrogen. *Soil Science Society of America Journal, 65(4) : 1248-1255.*

Peltier R. and Eyog-Matig O., 1989. Un essai sylvo-pastoral au Nord-Cameroun. *Bois et Forêts des Tropiques 221 : 3–23.*

Peterson, D.W., Reich, P.B., 2001. Prescribed fire in oak savanna: fire frequency effects on stand structure and dynamics. *Ecological Application 11: 914–927.*

Philip, J. R., 1957. The theory of infiltration : 4. Sorptivity and algebraic infiltration equations. *Soil Sciences 84 : 257-264.*

Picard, N., Ballo, M., Dembélé, F., Gautier, D., Kaïré, M., Karembé, M., Mahamane, A., Manlay, R., Ngom, D., Ntoupka, M., Ouattara, S., Savadogo, P., Sawadogo, L., Seghieri, J., Tiveau, D., 2006. Évaluation de la productivité et de la biomasse des savanes sèches africaines: l'apport du collectif Savafor. *Bois et Forêts des Tropiques 288, 75-80.*

Pyne, S. J., Patricia L. A., et Richard, D. L. (1996). Introduction to wildland fire. *2nd edition John Wiley & Sons, Inc. New York. 769 p.*

Raison, R.J., 1979. Modification of the soil environment by vegetation fires, with particular reference to nitrogen transformation: review. *Plant and Soil, 51: 73-108.*

Razanamandranto, S., Tigabu, M., Sawadogo, L., Oden, P.C., 2005. Seed germination of eight savanna-woodland species from West Africa in response to different cold smoke treatments. *Seed Sciences Technology, 33 (2): 315-328.*

Renes, G.J.B., 1991. Regeneration capacity and productivity of natural forest in Burkina Faso. *Forest Ecology and Management, 41(3-4): 291-308.*

Rietkerk, M., Ketner, P., Burger, J., Hoorens, B. and Olff, H., 2000. Multiscale soil and vegetation patchiness along a gradient of herbivore impact in a semi-arid grazing system in West Africa. *Plant Ecology, 148 (2): 207-224.*

Rietkerk, M., Blijdorp, R., Slingerland, M., 1998. Cutting and resprouting of *Detarium microcarpum* and herbaceous forage availability in a semiarid environment in Burkina Faso. *Agroforestry System 41 (2): 201–211.*

Rogues K.G., O'Connor T.G., Watkinson A.R., 2001. Dynamics of shrub encroachment in an African savanna: relative influences of fire, herbivory, rainfall and density dependence. *Journal of Applied Ecology 38: 268–280.*

Rondeux, J., 1999. La mesure des arbres et des peuplements forestiers. *Les presses agronomiques de Gembloux, A.S.B.L. ISBN 2-87016-060- 7. 524 p.*

Roscoe, R., Buurman, P., Velthorst, E.J., Pereira, J.A.A., 2000. Effects of fire on soil organic matter in a "cerrado sensu-stricto" from Southeast Brazil as revealed by changes in delta C-13. *Geoderma 95 (1/2): 141–160.*

Russell, J.R., Betteridge, K., Costall, D.A., Mackay, A.D., 2001. Cattle treading effects on sediment loss and water infiltration. *Journal of Range Management 54 (2): 184–190.*

Rutherford, M.C., 1981. Survival, regeneration and leaf biomass changes in woody plants following spring burns in Burkea africana-Ochna pulchra Savanna, *Bothalia 13 : 531–552.*

Sampaio E.V.S.B., Salcedo I.H., 1993. Effects of different fire severities on coppicing of caatinga vegetation in Serra Talhada, PE, Brazil. *Biotropica, 25 (4) : 452–460.*

Schelin, M., Tigabu, M., Eriksson, I., Sawadogo, L., Oden, P.C., 2003. Effects of scarification, gibberellic acid and dry heat treatments on the germination of *Balanites aegyptiaca* seeds from the Sudanian savanna in Burkina Faso. *Seed Sci. Technol. 31, 605–617.*

Schnell, R. 1971. Introduction à la phytogéographie des pays tropicaux. Les milieux et les groupements végétaux. *Gauthier-Villars, Paris Vol. II: 500-951.*

Savadogo, P., 2002. Pâturages de la forêt classée de Tiogo: diversité végétale, productivité, valeur nutritive et utilisations. *Mémoire d'Ingénieur du Développement Rural. Université Polytechnique de Bobo-Dioulasso, Bobo-Dioulasso, 105p + annexes*

Savadogo P., Tigabu M., Sawadogo L. and Odén P.C. 2007. Woody species composition, structure and diversity of vegetation patches

of Sudanian savanna in Burkina Faso. *Bois et Forêts des tropiques.*
294 : 5-20.

Savadogo P., Zida D, Sawadogo L., Tveau D., Tigabu M and Odén
P.C. 2007. Fuel and fire characteristics in savanna–woodland of
West Africa in relation to grazing and dominant grass type.
International Journal of Wildland Fire. 16: 531–539

Savadogo P., Sawadogo L. and Tiveau D. 2007. Effect of grazing
intensity and prescribed fire on soil physical and hydrological
properties and pasture yield in the savanna woodlands of Burkina
Faso. *Agriculture, Ecosystems and Environment. 118 : 80-92*

Sawadogo L. 1989 :   Etude   de   quelques   espèces   fourragères
graminéennes (*Andropogon gayanus, Brachiaria lata, Pennisetum
pedicellatum*) et leur utilisation au niveau des ovins. *Mém.
d'Ingénieur IDR. Université de Ouagadougou. 57 p.*

Sawadogo L. 1990. Contribution à l'étude agrostologique des
pâturages nord-soudaniens du Burkina Faso (Zone de Gampéla).
DEA. Université de Ouagadougou. 54p.

Sawadogo, L., 1996. Evaluation des potentialités pastorales d'une forêt
classée soudanienne du Burkina Faso. (Cas de la forêt classée de
Tiogo). *Thèse Doctorat 3ème Cycle. Université de Ouagadougou,
127 p.*

Sawadogo, L., Nygård, R. and Pallo, F., 2002. Effects of livestock and
prescribed fire on coppice growth after selective cutting of Sudanian

savannah in Burkina Faso. *Annals of Forest Science, 59 (2): 185-195.*

Sawadogo L. et Fournier A. 2004. Influence de différents régimes de feu sur la dynamique de la végétation du Parc W. *Rapport de consultation. 30 p.*

Sawadogo, L., Tiveau, D. and Nygård, R., 2005. Influence of selective tree cutting, livestock and prescribed fire on herbaceous biomass in the savannah woodlands of Burkina Faso, West Africa. *Agriculture Ecosystems & Environment, 105 (1-2): 335-345.*

Sawadogo, L., 2006. Adapter les approches de l'aménagement durable des forêts sèches aux pratiques sociales, économiques et technologiques en Afrique. Le cas du Burkina Faso. *CIFOR, Jakarta, Indonesia, 59 p.*

Sawadogo L. 2007. Etat de la biodiversité et de la production des ligneux du Chantier d'Aménagement Forestier du NAZINON après une vingtaine d'années de pratiques d'aménagement. *CIFOR books, Jakarta, Indonesia. 35p.*

Schelin, M., Tigabu, M., Eriksson, I., Sawadogo, L.,Oden, P.C., 2003. Effects of scarification, gibberellic acid and dry heat treatments on the germination of *Balanites aegyptiaca* seeds from the Sudanian savanna in Burkina Faso. *Seed Science and Technology, 31(3): 605-617.*

Schelin, M., Tigabu, M., Eriksson, I., Sawadogo, L.,Oden, P.C., 2004. Predispersal seed predation in *Acacia macrostachya*, its impact on seed viability, and germination responses to scarification and dry heat treatments. *New Forest, 27 (3): 251-267.*

Scoones, I., 1995. Living with uncertinity. New directions in pastoral development in Africa. *Intermediate Technology Publications Ltd. ISBN 1 85339 235 9. 210 p.*

Seghieri, J., Floret, C. and Pontanier, R., 1994. Development of an herbaceous cover in a Sudano-Sahelian savanna in North Cameroon in relation to available soil-water. *Vegetatio, 114 (2): 175-184.*

Shea, R.W., Shea, B.W., Kauffman, J.B., Ward, D.E., Haskins, C.I. and Sholes, M.C. 1996. Fuel biomass and combustion factors associated with fires in savanna ecosystems of South Africa and Zambia. *Journal of Geophysical Research-Atmospheres, 101: 23551-23568.*

Silva, J.F., Raventos, J. and Caswell, H., 1990. Fire and Fire Exclusion Effects on the Growth and Survival of 2 Savanna Grasses. *Acta Oecologica-International Journal of Ecology, 11 (6): 783-800.*

Smektala, G., Hautdidier, B., Gautier, D., Peltier, R., Njiemoun, A., 2002. Construction de tarifs de biomasse pour l'évaluation de la disponibilité ligneuse en zone de savanes au Nord-Cameroun. *Actes du colloque, 27-31 mai 2002, Garoua, Cameroun.*

228

Snyman, H.A., 2003. Short-term response of rangeland following an unplanned fire in terms of soil characteristics in a semi-arid climate of South Africa. *Journal of Arid Environments, 55 (1): 160-180.*

Snyman, H.A., 2005. Rangeland degradation in a semi-arid South Africa - I: influence on seasonal root distribution, root/shoot ratios and water-use efficiency. *Journal of Arid Environments, 60 (3): 457-481.*

Stroosnijder, L., 1996. Modelling the effect of grazing on infiltration, runoff and primary production in the Sahel. *Ecol. Model 92 (1): 79-88.*

Sylla, M.L., 1987. Etude des méthodes d'inventaire en forêts sèches. Cas de la Faya au Mali. *Thèse en Biologie Végétale et Forestière, Université de Nancy I, France, 210 p.*

Tabachnick, B.G., Fidell, L.S., 1996. Using Multivariate Statistics. *HarperCollins College Publishers, New York.470 p.*

Teketay, D., 1996. The effect of different pre-sowing seed treatments, temperature and light on the germination of five Senna species from Ethiopia. *New Forest, 11: 155-171.*

Trapnell, C.G., Frient, M.T., Chamberlain, G.T. and Birch, H.F., 1975. The effects of fire and termites on a zambesian woodland soil. *Journal of Ecology 64 (2): 577-588.*

Trollope, W.S.W., de Ronde, C. and Geldenhuys, C.J., 2004. Fire behaviour. *In: J.G. Goldammer (Editor), Wildland fire management*

229

handbook for Sub-Saharian Africa. Global fire monitoring center, Freiburg, pp 27-59.

Trollope, W.S.W., Trollope, L.A. and Hartnett, D.C., 2002. Fire behaviour a key factor in the ecology of african grasslands and savannas. *Forest Fire Reseach & Wildland fire Safety, Viegas. Millpress,, Rotterdam.*

Trollope W.S.W., 1984. Fire in Savannah, in: Booysen P. de V., Tainton N.M. (Eds.), Ecological effects of fire in South Africa Ecosystems. *Springer-Verlag, Berlin, pp 150–175.*

Valea, F. 2005. Elaboration d'une méthode de suivi et d'analyse spatio temporelle des feux de brousse en Afrique de l'Ouest : cas de l'est du Sénégal et de l'ouest du Burkina Faso. *Laboratoire d'Enseignement et de Recherche en Géomatique. Rapport de Stage. 68 p.*

Valette, J.C., Gomendy, V., Marechal, J., Houssard, C. and Gillon, D., 1994. Heat-transfer in the soil during very low-intensity experimental fires - The role of duff and soil-moisture content. *International Journal of Wildland Fire, 4 (4): 225-237.*

Van de Vijver, C.A.D.M., Poot, P. and Prins, H.H.T., 1999. Causes of increased nutrient concentrations in post-fire regrowth in an East African savanna. *Plant and Soil, 214 (1-2): 173-185.*

Walter, L., 2003. Physiological Plant Ecology—Ecophysiology and Stress Physiology of *Functional Groups, fourth ed. Springer-Verlag, Germany. 503 p.*

Walker, B.H., 1981. Is succession a viable concept in African savanna ecosystems? *In D.C. West, H.H. Shugart and D.B. Botkin (Editors), Forest succession : Concepts and Application. Springer-Verlag, New york, Heidelberg, Berlin, pp. 431-447.*

Walker, B.H., Noy-Meir, I., 1982. Aspects of stability and resilience of savanna ecosystems. *In: B.J. Huntley and B.H. Walker (Editors), Ecology of tropical savannas. Springer-Verlag, Berlin, Heidelberg, New York, pp. 557-590.*

Walker, B.H., 1992. Biological diversity and ecological redundancy. *Conservation Biology, 6: 18-23.*

Walker, B.H., 1995. Conserving biological diversity through ecosystem resilience. *Conservation Biology, 9 (4): 747-752.*

Walkley, A. and Black, I.A., 1934. An examination of the Degtjareff method for determining soil organic mater and a proposed modification of the chromic acide titration method. *Soil Science, 37: 29-38.*

Warren, A., Thurow, T.L., Blackburn, H.D. and Garza, N.E., 1986. The influence of livestock trampling under intensive rotation grazing on soil hydrological characteristics. *Journal of Range Management, 36 (6): 491-495.*

Warren, A., Batterbury, S. and Osbahr, H., 2001. Soil erosion in the West African Sahel: a review and an application of a "local political ecology" approach in South West Niger. *Global Environmental Change-Human and Policy Dimensions, 11 (1): 79-95.*

Watkinson, A.R. and Ormerod, S.J., 2001. Grasslands, grazing and biodiversity: editors' introduction. *Journal of Applied Ecology, 38 (2): 233-237.*

West, P.W., 2004. Tree and forest measurement. *Springer - Verlag, Berlin Heidelberg, Germany, 167 p.*

Wu, H., Sharp, P.J.H., Walker, J. and Penridge, L.K., 1985. Ecological field theory: a spatial analysis of resource interference among plants. *Ecological Modelling, 29: 215-243.*

Yelkouni, M. 2004. Gestion d'une ressource naturelle et action collective : le cas de la forêt classée de Tiogo au Burkina Faso. *Thèse de Doctorat en Sciences Economiques. Université d'Auvergne-Clermont I. C.E.R.D.I. 286 p + annexes.*

Zar, J.H., 1996. Biostatistical Analysis. *3th ed. Prentice-Hall, Inc., Upper Saddle River, NJ. 662 p.*

Zida, D., Tigabu, M., Sawadogo, L.,Oden, P.C., 2005. Germination requirements of seeds of four woody species from the Sudanian savanna in Burkina Faso, West Africa. *Seed Sci. Technol., 33 (3) : 581-593.*

232

Zida, D., Sawadogo, L., Tigabu, M., Tiveau, D.,Odén, P.C., 2007. Dynamics of sapling population in Sudanian woodlands subjected to grazing, early fire and selective cutting for a decade. *For. Ecol. Manage. 243: 102-115.*

Zoungrana, I., 1991. Recherche sur les aires pâturées du Burkina Faso. *Thèse d'Etat, Univ. Bordeaux III, U.E.R Aménagement et ressources naturelles, 277 p.*

ANNEXES

A

ANNEXE 1 :

LISTE DES PUBLICATIONS TIREES DE LA THESE

B

1. Savadogo P., Zida D, **Sawadogo L.**, Tiveau D., Tigabu M and Odén P.C. 2007. Fuel and fire characteristics in savanna–woodland of West Africa in relation to grazing and dominant grass type. *International Journal of Wildland Fire. 16, 531–539.*

2. Savadogo P., **Sawadogo L.** and Tiveau D. 2007. Effect of grazing intensity and prescribed fire on soil physical and hydrological properties and pasture yield in the savanna woodlands of Burkina Faso. *Agriculture, Ecosystems and Environment. 118 : 80-92*

3. Zida D., **Sawadogo L.**, Tigabu M., Tiveau D. and Odén P.C. 2007. Dynamics of sapling population in savanna woodland of Burkina Faso subjected to grazing, early fire and selective tree cutting for a decade. *Forest Ecology and Management 243, 102.115.*

4. **Sawadogo L.**, Tiveau D. et Nygard R. 2005. Effect of livestock, tree selective cutting and prescribed early fire on herbaceous biomass of Sudanian savannah in Burkina Faso. *Agriculture, Ecosystems and Environment 105 : 335–345*

5. **Sawadogo L.**, Nygard R., et Pallo F. 2002. Effect of livestock and prescribed fire on coppice growth after selective cutting of Sudanian savannah in Burkina Faso. *Ann. For. Sci. 59. 185-195.*

C

ANNEXE 2 :

PLANCHES PHOTOGRAPHIQUES

D

PLANCHE I : Principales unités paysagères dans les forêts classées de Laba et de Tiogo

Savane arborée claire à Tiogo.

Nouvelle friche clandestine dans la forêt classée de Tiogo. Photo du 10 mai 2002.

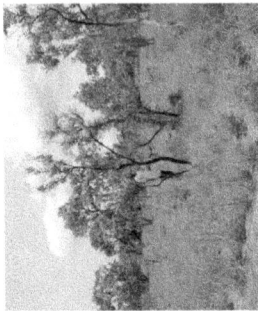

Savane arborée dense dans la forêt classée de Laba. Photo du 29 juin 2008.

Végétation sur termitière cathédrale dans la forêt classée de Tiogo. Photo du 15-02-2009

Galerie forestière le long du fleuve Mouhoun. Photo du 23 mars 2002.

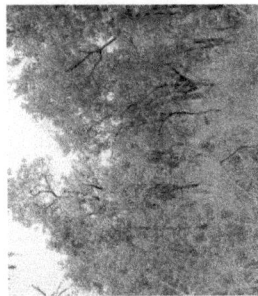

Savane arbustive dans la forêt classée de Tiogo. Photo du 15 février 2003.

E

PLANCHE II : Activités anthropiques menaçant la pérennité du fleuve Mouhoun

Collecte de bois de feu sur les rives du fleuve Mouhoun à Tiogo.

Etêtage d'Acacia seyal dans la Végétation ripicole du fleuve Mouhoun à Tiogo.

Tortues brûlées lors des feux dans la galerie forestière du fleuve Mouhoun à Tiogo. Photo 23 mars 2002.

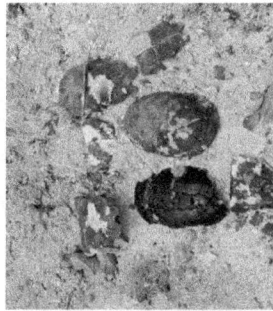

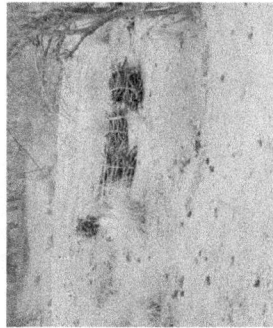

Emondage de Pterocarpus santalinoides dans la galerie forestière du fleuve Mouhoun à Tiogo. Photo 23 mars 2002.

Pied de Mitragyna inermis brûlée dans la galerie forestière du fleuve Mouhoun à Tiogo. Photo 23 mars 2002.

Troupeau bovin s'abreuvant directement dans le lit du fleuve Mouhoun dans la forêt classée de Tiogo. Photo 23 mars 2002.

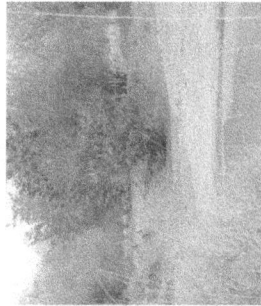

F

PLANCHE III : Effets des feu de brousse sur la végétation dans les forêts classées de Laba et de Tiogo

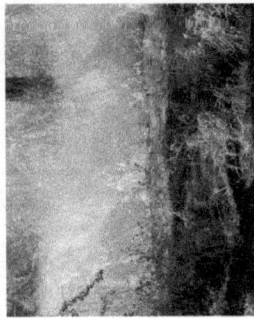

Feu précoce à Tiogo. Les flammes sont peu hautes et la combustion des herbacées n'est pas complète. Photo du 05 novembre 2005.

Feu tardif. Les flammes sont très hautes atteignant et la combustion des herbacée complète. Photo du 15 Février 2005.

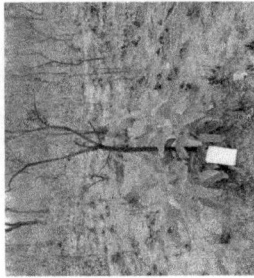

Mortalité d'arbres dans une végétation d'*Andropogon gayanus* suite à un feu tardif à Tiogo.

Formation à *Pteleopsis suberosa*. Le passage récurrent du feu maintient la végétation à l'état buissonnant Photo du 12 juin 2003.

Rejets de *Terminalia laxiflora* après le passage d'un feu à Laba. La tige principale est desséchée. Photo du 10 janvier 2000

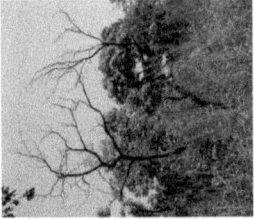

Repousse d'*Andropogon gayanus* une semaine après un feu précoce à Tiogo. Photo du 05 novembre 2003.

G

PLANCHE V : Effets de la coupe sylvicole dans les forêts classées de Laba et de Tiogo

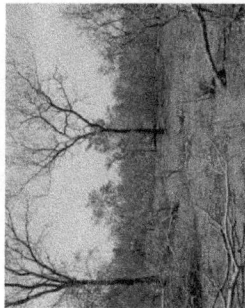

Parcelle exploitée en coupe sélective en forêt classée de Tiogo. Photo du 13 mai 2006.

Rejets de souche de 6 ans de *Combretum nigricans* en forêt classée de Tiogo. Photo du 15 janvier 1999.

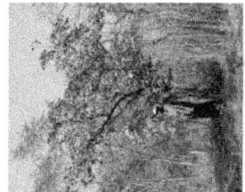

Rejets de souche de 6 ans de *Piliostigma thonningii* en forêt classée de Tiogo.

Rejets de souche âgés de 3 ans de *Detarium microcarpum* en forêt classée de Tiogo. Photo Octobre 2004.

Rejets de souche âgés de 6 ans de *Detarium microcarpum* en forêt classée de Tiogo. Photo du 15 janvier 1999.

Rejets de souche de 14 ans de *Detarium microcarpum* en forêt classée de Tiogo .

H

ANNEXE 3

LISTE DES ESPECES LIGNEUSES RECENSEES DANS LES DISPOSITIFS DE LABA ET DE TIOGO

I

Annexe 3 : Liste des espèces ligneuses recensées dans les dispositifs de Laba et de Tiogo

Familles	Espèces	Laba	Tiogo
Agavaceae	Baissea multiflora A. DC.	x	x
Anacardiaceae	Heeria insignis (Del.) O.Kze	x	x
	Lannea acida A. Rich.	x	x
	Lannea microcarpa Engl. & Kraus.	x	x
	Lannea velutina A. Rich.	x	x
	Sclerocarya birrea (A. Rich.) Hochst.	x	x
Annonaceae	Annona senegalensis Pers.	x	x
Apocynaceae	Holarrhena florinbuda (G.Don) Dur. & Schinz	x	
	Saba senegalensis (A. DC.) Pichon.	x	x
Bignoniaceae	Stereospermum kunthianum Cham.	x	x
Bombacaceae	Bombax costatum Pellegr. & Vullet	x	x
Burseraceae	Boswellia dalzielii Hutch.		x
Capparaceae	Boscia senegalensis (Pers.) Lam.	x	x
	Cadaba farinosa Forsk.	x	x
	Capparis corymbosa Lam.	x	x
	Maerua angolensis DC.	x	x
Ceasalpiniaceae	Afzelia africana Sm. ex Pers.	x	x
	Burkea africana Hook.	x	
	Cassia sieberiana DC.	x	x
	Cassia singueana Del.	x	x
	Detarium microcarpum Guill. & Perr.	x	x
	Maytenus senegalensis (Lam.) Ecell.	x	x
	Piliostigma reticulatum (DC.) Hoechst.	x	x
	Piliostigma thonningii Schum.	x	x
	Tamarindus indica Linn.	x	x
	Pericopsis laxiflora (Benth.) Van Meeuwen	x	x
	Lonchocarpus laxiflorus Guill. & Perr.	x	x
	Pterocarpus erinaceus Poir.	x	x
	Xeroderris sthülhmannii (Taub.) Mend.& Sousa	x	x
Combretaceae	Anogeissus leiocarpus (DC.) Guill. & Perr.	x	x
	Combretum fragrans Hoffm.	x	x
	Combretum molle Engl. & Diels	x	
	Combretum glutinosum Perr. ex DC.	x	x
	Combretum micranthum G. Don.	x	x
	Combretum nigricans Lepr. ex Guill. & Perr.	x	x
	Guiera senegalensis J.F Gmel.	x	x
	Pteleopsis suberosa Engl.& Diels.	x	x
	Terminalia avicennioides Guill. & Perr.	x	x
	Terminalia glaucescens Planch. ex Benth.	x	x
	Terminalia laxiflora Engl.	x	x
	Terminalia macroptera Guill. & Perr.	x	x
Ebenaceae	Diospyros mespiliformis Hutch. ex DC.	x	x
Euphorbiaceae	Bridelia ferruginea Benth in Hook.	x	x
	Hymenocardia acida Tul.	x	
	Securinega virosa (Roxb. ex Wild.) Baill.	x	x

J

Annexe 3 Suite : Liste des espèces ligneuses recensées dans les dispositifs de Laba et de Tiogo

Loganiaceae	*Strychnos spinosa* Lam.	x	x
	Strychnos innocua Del.	x	
Meliaceae	*Khaya senegalensis* (Desr.) A. Juss.	x	
	Pseudocedrela kotschyi (Schweinf.) Harms	x	x
	Trichilia emetica Vahl	x	
Mimosaceae	*Acacia dudgeoni* Craib. ex Holl.	x	x
	Acacia macrostachya Reichenb. ex Benth.	x	x
	Acacia erythrocalyx Brenan	x	x
	Acacia polyacantha Brenan		x
	Acacia seyal Del.	x	x
	Albizia chevalieri Harms.	x	x
	Albizia malacophylla (A. Rich.) Walp.	x	x
	Dichrostachys cinerea (Linn.) Wight. & Arn.	x	x
	Entada africana Guill. & Perr.	x	x
	Parkia biglobosa (Jacq.)	x	x
	Prosopis africana (Guill. & Perr.) Taub.	x	x
Moraceae	*Ficus ingens* Del.	x	x
Olacaceae	*Ximenia americana* Linn.	x	x
Opiliaceae	*Opilia celtidifolia* (Guill. & Perr.) Endl. & Walp.	x	x
Polygalaceae	*Securidaga longepedunculata* Fres.	x	x
Rhamnaceae	*Ziziphus mauritiana* Lam.	x	x
	Ziziphus mucronata Willd.	x	x
Rubiaceae	*Crossopteryx febrifuga* (Afzl. G. Don) Benth.	x	x
	Feretia apodanthera Del.	x	x
	Gardenia erubescens Stapf. & Thonn.	x	x
	Gardenia sokotensis Hutch.	x	x
	Gardenia ternifolia Schum. & Thonn.	x	x
	Mitragyna inermis (Willd.) O. Ktze.		x
Sapindaceae	*Allophyllus africanus* P. Beauv.	x	x
Sapotaceae	*Vitellaria paradoxa* C.F. Gaertn.	x	x
Sterculiaceae	*Sterculia setigera* Del.	x	x
Tiliaceae	*Grewia bicolor* Juss.	x	x
	Grewia flavoooens Juss.	x	x
	Grewia lasiodiscus K. Schum.	x	x
	Grewia venusta Fresen.	x	x
Verbenaceae	*Vitex doniana* Sweet	x	x
Zygophylaceae	*Balanites aegyptiaca* (L.) Del.	x	x

x = Présence dans le dispositif

K

ANNEXE 4

LISTE DES ESPECES HERBACEES RECENSEES DANS LES DISPOSITIFS DE LABA ET DE TIOGO

L

Annexe 4: Liste des espèces herbacées recensées sur les dispositifs de Laba et de Tiogo en 1992

F.B	Familles	Espèces	Laba	Tiogo
P	Acanthaceae	*Blepharis maderaspatensis* (L.) Heyns ex Roth	x	x
P		*Lepidagathis anobrya* Nees.	x	x
P		*Monechma ciliatum* (Jacq.) Miln. Redh.	x	x
P		*Peristrophe bicalyculata* Nees.		x
P	Agavaceae	*Sanseveria senegambica* Bak.		x
P	Amaranthaceae	*Achyranthes aspera* Linn.	x	x
P		*Pandiaka heudelotii* (Moq.) Hook.	x	x
P	Amaryllidaceae	*Crinum ornatum* (L.f. ex Ait.) Bury		x
P	Araceae	*Stylochiton hypogaeus* Lepr.	x	x
P	Asclepiadaceae	*Brachystelma bingeri* A. Chev.		x
P		*Leptadenia hastata* (Pers.) Decne.	x	x
P	Asteraceae	*Aspilia bussei* O. Hoffm. et Muschl.	x	x
P		*Bidens pilosa* L.	x	x
P		*Vernonia macrocyanus* O. Hoffn	x	x
P		*Vicoa leptoclada* Dandy.	x	x
P	Caesalpiniaceae	*Cassia mimosoides* Linn.	x	x
P		*Cassia nigricans* Vahl.	x	x
P	Cochlospermaceae	*Cochlospermum planchonii* Hook. f.	x	x
P		*Cochlospermum tinctorium* A. Rich.	x	x
P	Commelinaceae	*Commelina forskalaei* Vahl.	x	x
P		*Commelina nigritana* Benth.		x
P		*Cyanotis lanata* Benth.	x	x
P	Convolvulaceae	*Evolvulus alsinoides* (L.) L.	x	x
P		*Ipomoea argentaurata* Hall.		x
P		*Ipomoea eriocarpa* R. Br.	x	x
P		*Ipomoea vagans* Back.	x	x
P	Crassulaceae	*Kalanchoe crenata* (Andr.) Haw.	x	x
P	Cucurbitaceae	*Cucumis melo* Linn. var. *agrestis* Naud.	x	x
P		*Melothria maderaspatana* (Linn.) in DC	x	x
Cy	Cyperaceae	*Cyperus difformis* L.	x	x
Cy		*Cyperus sp*		x
Cy		*Cyperus iria* L.		x
Cy		*Cyperus rotundus* Linn.		x
Cy		*Fimbristylis hispidula* (Vahl.) Kunth.		x
Cy		*Fimbristylis littoralis* Gaud.		x
Cy		*Fimbristylis pilosa* Vahl.		x
Cy		*Scleria bulbifera* A. Rich.		x
Cy		*Scleria tessellata* Willd.		x
P	Dioscoreaceae	*Dioscorea abyssinica* Hochst. ex Benth.	x	x
P		*Dioscorea dumetorum* (Kunth) Pax	x	x
P		*Dioscorea praehensilis* Benth.		x
P	Euphorbiaceae	*Euphorbia hyssopifolia* L.	x	x
P		*Euphorbia polycnemoides* Hochst ex Boiss	x	x
P		*Phyllanthus amarus* Schum. et Thonn.	x	x

M

Annexe 4 (Suite) : Liste des espèces herbacées recensées sur les dispositfs de Laba et de Tiogo en 1992

F.B	Familles	Espèces	Laba	Tiogo
P	Fabaceae	*Aeschynomene indica* Linn.		x
P		*Alysicarpus glumaceus* (Vahl) DC.		x
P		*Alysicarpus ovalifolius* (Schum. et Thonn.) J. Léon.	x	x
P		*Crotalaria naragutensis* Hutch.	x	x
P		*Desmodium gangeticum* (L.) DC.		x
P		*Desmodium ospriostreblum* Chiov.	x	x
P		*Indigofera colutea* (Burm. f.) Merr.	x	x
P		*Indigofera leprieurii* Bak.	x	x
P		*Indigofera macrocalyx* Guil.& Perr.	x	x
P		*Indigofera pulchra* Willd.	x	x
P		*Indigofera simplicifolia* Lam.		x
P		*Melliniella micrantha* Harms.		x
P		*Rhynchosia minima* (L.) D. C.	x	x
P		*Stylosanthes erecta* Lepr.	x	x
P		*Tephrosia bracteolata* Guill. et Perr.	x	x
P		*Tephrosia pedicellata* Bak.	x	x
P		*Vigna ambacencis* Welw. ex Bak.	x	x
P		*Zornia glochidiata* Reichb. ex DC.	x	x
P	Gingiberaceae	*Kaempferia aethiopica* (Schweinf.) Solms. Laub.	x	x
P	Hypoxidaceae	*Curculigo pilosa* (Schum. et Thonn.) Engl.	x	x
P	Lamiaceae	*Englerastrum gracillimum* Th. Fries.	x	x
P		*Hoslundia opposita* Vahl.		x
P		*Chlorophytum senegalense* (Bak.) Hepper		x
P	Malvaceae	*Hibiscus asper* Hook. f.	x	x
P		*Sida alba* L.	x	x
P		*Sida urens* Linn.		x
P		*Wissadula amplissima* Linn.	x	x
P	Oxalidaceae	*Biophytum petersianum* Klotzoch in Peters	x	x
P	Pedaliaceae	*Ceratotheca sesamoides* Endl.		x
Ga	Poaceae	*Acroceras amplectens* Stapf.		x
Gv		*Andropogon ascinodis* C. B. Cl.	x	x
Ga		*Andropogon fastigiatus* Sw. Prod	x	x
Gv		*Andropogon gayanus* Kunth.	x	x
Ga		*Andropogon pseudapricus* Stapf.	x	x
Ga		*Aristida adscensionis* Linn.	x	x
Ga		*Aristida kerstingii* Pilger	x	x
Gv		*Beckeropsis uniseta* (Nees) K. Schum.	x	x
Gv		*Bracharia jubata* Stapf.	x	x
Ga		*Brachiaria distichophylla* (Trin) Stapf.	x	x
Ga		*Brachiaria lata (Schum.)* C. E. Hubbard		x
Ga		*Chasmopodium caudatum* Stapf.		x
Ga		*Ctenium elegans* Kunth.	x	x
Gv		*Cymbopogon schoenanthus* Spreng.	x	x
Ga		*Digitaria horizontalis* Willd.	x	x

N

F.B	Familles	Espèces	Laba	Tiogo
Gv	Poaceae	*Diheteropogon amplectens* (Nees) W.D. Clayton		x
Ga		*Diheteropogon hagerupii* Hitchc.	x	x
Ga		*Echinochloa colona* (L.) Link.		x
Ga		*Elionurus elegans* Kunth.	x	x
Ga		*Eragrostis turgida* (Schumach) De Willd.		x
Ga		*Euclasta condylotricha* (Hochst ex Steud) Stapf.		x
Ga		*Hackelochloa granularis* (Linn.) O.Ktze	x	x
Ga		*Hyparrhenia cyanescens* (Stapf.) Stapf.	x	x
Ga		*Loudetia togoensis* (Pilger) C.E. Hubbard	x	x
Ga		*Microchloa indica* Beauv.	x	x
Gv		*Monocymbium ceresiiforme* (Nees.) Stapf.	x	x
Ga		*Oryza longistaminata* A. Chev. et Roehr		x
Ga		*Panicum phragmitoides* Stapf.		x
Ga		*Paspalum orbiculare* Forst.		x
Ga		*Pennisetum pedicellatum* Trin.	x	x
Ga		*Pennisetum polystachion* (Linn.) Schult		x
Ga		*Rhytachne triaristata* Steud. Stapf.		x
Ga		*Rottboellia exaltata* Linn.	x	x
Ga		*Schizachyrium exile* (Hochst.) Pilger.	x	x
Ga		*Schizachyrium plathyphyllum* (Franch) Stapf.		x
Gv		*Schizachyrium sanguineum* (Retz) Alston.		x
Ga		*Schoenefeldia gracilis* Kunth.		x
Ga		*Setaria barbata* (Lam.) Kunth.		x
Ga		*Setaria pallide-fusca* (Schum.) Stapf. et Hubb.	x	x
Ga		*Sorghastrum bipennatum* (Hack.) Pilger		x
Gv		*Sporobolus pyramidalis* P. Beauv.		x
Gv		*Tripogon minimus* (A. Rich.) Hochst ex Steud.	x	x
P	Polycarpaceae	*Polycarpaea corymbosa* (Linn.) Lam.	x	x
P		*Polycarpaea linearifolia* (DC.) DC		x
P	Polygalaceae	*Polygala arenaria* Willd.	x	x
P		*Polygala multiflora* Poir.	x	x
P	Rubiaceae	*Borreria filifolia* (Schum. et Thonn.) K. Schum.		x
P		*Borreria radiata* DC.	x	x
P		*Borreria scabra* (Schum. et Thonn.) K. Schum.		x
P		*Borreria stachydea (DC.) Hutch et Dalz.*	x	x
p		*Fadogia agrestis* Schweinf.	x	x
P		*Kohautia senegalensis* Cham. et Schlecht.		x
P	Scrophulariaceae	*Buchnerea hispida* (Del.) Benth.		x
P	Sterculiaceae	*Melochia corchorifolia* L.		x
P		*Waltheria indica* L.		x
P	Taccaceae	*Tacca involucrata* Schum. & Thonn.		x
P	Tiliaceae	*Corchorus fascicularis* Lam.	x	x
P		*Corchorus tridens* Linn.	x	x
P		*Triumfetta rhomboidea* Jacq.	x	x
P	Verbenaceae	*Lantana rhodesiensis* Moldenke	x	x

O

Annexe 4 (Suite) : Liste des espèces herbacées recensées sur les dispositfs de Laba et de Tiogo en 1992

F.B	Familles	Espèces	Laba	Tiogo
P	Vitaceae	*Ampelocissus grantii (Bak.) Planch.*	x	x
P		*Cissus adenocaulis* St. Ul. ex a. Rich.		x
P		*Cissus gracilis* G. et Perr.		x
P		*Cissus populnea* Guill. et Perr.	x	x

X = Recensée sur le dispositif

FB = Forme Biologique

Ga = Poaceae annuelle; **Gv** = Poaceae vivace; **Cy** = Cyperaceae;   **P** = Phorbe.

P

ANNEXE 5

FICHE D'INVENTAIRE DES LIGNEUX

Q

Annexe 5 : Fiche d´inventaire des ligneux

Date :..../.... /...../   Forêt classée : ....

Opérateur :........................   Parcelle :..............................

                             Placeau N^0 :......................

Espèces	Code	No Souche	No Brin	C Base (cm)	C130 cm	Hauteur cm	Observation

R

ANNEXE 6

FICHE D'INVENTAIRE DES HERBACEES

S

Annexe 6 : Fiche d'inventaire des herbacées

Date : ....

Nom de l'opérateur........

Forêt classée de :.............

No Parcelle : ....

Espèce	1	2	3	4	5	6	7	8	9	10	11	12	13	14	15	16	17	18	19	20	21	22	23	24	25	26	27	28	29	30	31	32	33	34	35	36	37	38	39	40	41	42	43	44	45	46	47	48	49	50

T

ANNEXE 7

FICHE D'EVALUATION DE LA BIOMASSE HERBACEE

U

Annexe 5 : Fiche d´évaluation de la biomasse herbacée

Date :..../..../ ...../   Forêt classée de: ……………………

Nom de l'opérateur :……………………   N^0 Parcelle :…………………………

Espèces	Carrés (1m^2)					
	1	2	3	4	5	6

V

www.ingramcontent.com/pod-product-compliance
Lightning Source LLC
Chambersburg PA
CBHW021032210326
41598CB00016B/992